全国计算机等级考试

历届笔试真题详解

三级网络技术

（2011 版）

全国计算机等级考试命题研究组　编

南开大学出版社

天　津

内容提要

本书主要内容有:(1)从 2006 年 4 月到 2010 年 9 月的 10 套笔试真题试卷。(2)针对 10 套试卷进行详解:精解考点,分析题眼,详解重点难点,并给出应试技巧。(3)笔试答题技巧。说明笔试考试的注意事项以及选择题和填空题的答题技巧。(4)本书配套光盘。其中有全真模拟笔试试卷和上机环境,可练习大量笔试题和 100 套上机题,系统自动阅卷和评分,并给出详尽的解析,可用于考前实战训练。另外,光盘中还有上机考试过程的录像动画演示,从登录、答题到交卷,均有指导教师的全程语音讲解。

本书完全针对准备参加全国计算机等级考试(三级网络技术)的考生,同时也可以作为普通高校、大专院校、成人高等教育以及相关培训班的练习题和考试题使用。

图书在版编目(CIP)数据

全国计算机等级考试历届笔试真题详解:2011 版.三级网络技术/全国计算机等级考试命题研究组编.—7 版.天津:南开大学出版社,2010.12
ISBN 978-7-310-02262-5

Ⅰ.全…　Ⅱ.全…　Ⅲ.①电子计算机 – 水平考试 – 解题 ②计算机网络 – 水平考试 – 解题　Ⅳ.TP3-44

中国版本图书馆 CIP 数据核字(2009)第 194410 号

版权所有　侵权必究

南开大学出版社出版发行

出版人:肖占鹏

地址:天津市南开区卫津路 94 号　　邮政编码:300071

营销部电话:(022)23508339　23500755

营销部传真:(022)23508542　邮购部电话:(022)23502200

＊

河北省迁安万隆印刷有限责任公司印刷

全国各地新华书店经销

2010 年 12 月第 7 版　　2010 年 12 月第 7 次印刷

787×1092 毫米　16 开本　11 印张　260 千字

定价:25.00 元

编委会

前　言

全国计算机等级考试（National Computer Rank Examination，NCRE）是由教育部考试中心主办，用于考查应试人员的计算机应用知识与能力的考试。本考试的证书已经成为许多单位招聘员工的一个必要条件，具有相当的"含金量"。

为了帮助考生更顺利地通过计算机等级考试，我们做了大量市场调查，根据考生的备考体会，以及培训教师的授课经验，推出了《历届笔试真题详解——三级网络技术》。本书主要由如下部分组成。

一、10 套历届真题

10 套试卷分别来自 2006 年 4 月到 2010 年 9 月的等级考试。对于备战等级考试而言，做真题是进行考前冲刺的最佳方式。这是因为它的针对性相当强，考生可以通过真题的实际练习，来检验自己是否真正掌握了相关知识点，了解考试重点，并且根据需要再对知识结构的薄弱环节进行强化。

二、真题详解

在每套试卷的后面，都有针对各个试题的答案和详细分析，精解考点，分析题眼，详解重点难点，并给出应试技巧。

三、笔试答题技巧

说明笔试考试的注意事项以及选择题和填空题的答题技巧。内容简明扼要，注重实用。

四、笔试和机试全真环境模拟光盘

本书配套光盘中有全真模拟笔试系统和上机环境，可练习更多的笔试题和 100 套上机题，系统自动阅卷和评分，并给出详尽的解析，可检验知识的掌握程度和训练答题的速度和准确性，用于考前实战训练，感受真实的考试氛围。

光盘中还有上机考试过程的录像动画演示，从登录、答题到交卷，均有指导教师的全程语音讲解。

为了保证本书及时面市和内容准确，很多朋友做出了贡献，陈河南、王嘉佳、贺民、许伟、侯佳宜、贺军、于樊鹏、戴文雅、戴军、李志云、陈安南、李晓春、王春桥、王雷、韦笑、龚亚萍、冯哲、邓卫、唐玮、魏宇、李强等老师付出了很多辛苦，在此一并表示感谢！

在学习的过程中，您如有问题或建议，可通过下列方式与我们联系。

电子邮件：book_service@126.com

博客：　　http://blog.sina.com.cn/dengji100

全国计算机等级考试命题研究组

2010 年 11 月

配套光盘使用说明

光盘初始启动界面，可选择安装笔试系统和上机系统、查看上机操作过程

上机操作过程的录像演示，有指导教师的全程语音讲解

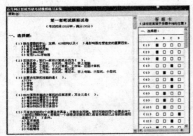

笔试系统中，您可以练习大量笔试题，并查看评分结果

从"开始"菜单可启动帮助系统，在这里可看到考试简介、考试大纲以及详细的软件使用说明

您可以随机抽题，也可以指定固定的题目

浏览题目界面，查看考试题目，单击"考试项目"开始答题

在实际环境中答题，完成后单击工具栏中的"交卷"按钮

答案和分析界面，查看所考核题目的答案和分析

目　　录

2006 年 4 月三级网络技术笔试试卷

(考试时间 120 分钟,满分 100 分)

一、选择题

下列各题 A)、B)、C)、D) 四个选项中,只有一个选项是正确的。请将正确选项涂写在答题卡相应位置上,答在试卷上不得分。

(1) 我们经常说"网络就是计算机"。你知道这曾经是哪家公司提出的理念?
   A) IBM 公司   B) HP 公司
   C) SUN 公司   D) CISCO 公司

(2) 有一条指令用十六进制表示为 CD21,用二进制表示为
   A) 1101110000100001   B) 1100110100100001
   C) 1100110100010010   D) 1101110000010010

(3) 系统的可靠性通常用平均无故障时间表示,它的英文缩写是
   A) MTBF   B) MTTR   C) ETBF   D) ETTR

(4) 通过多机协作,可以共同解决一个复杂的大问题。在奔腾芯片中,支持这项技术的是
   A) 超标量技术   B) 超流水技术
   C) 多线程技术   D) 多重处理技术

(5) PnP 主板主要是支持
   A) 多种芯片集   B) 大容量存储器
   C) 即插即用   D) 宽带数据总线

(6) 在软件生命周期中,下列哪个说法是不准确的?
   A) 软件生命周期分为计划、开发和运行三个阶段
   B) 在计划阶段要进行问题定义和需求分析
   C) 在开发后期要进行编写代码和软件测试
   D) 在运行阶段主要是进行软件维护

(7) 网络操作系统要求网络用户在使用时不必了解网络的
   Ⅰ. 拓扑结构   Ⅱ. 网络协议   Ⅲ. 硬件结构
   A) 仅Ⅰ和Ⅱ   B) 仅Ⅱ和Ⅲ   C) 仅Ⅰ和Ⅲ   D) 全部

(8) IPv6 的地址长度为
   A) 32 位   B) 64 位   C) 128 位   D) 256 位

(9) 城域网设计的目标是满足城市范围内的大量企业、机关与学校的多个
   A) 局域网互联   B) 局域网与广域网互联
   C) 广域网互联   D) 广域网与广域网互联

(10) 光纤作为传输介质的主要特点是
   Ⅰ. 保密性好   Ⅱ. 高带宽   Ⅲ. 低误码率   Ⅳ. 拓扑结构复杂

A）Ⅰ、Ⅱ和Ⅳ   B）Ⅰ、Ⅱ和Ⅲ

C）Ⅱ和Ⅳ   D）Ⅲ和Ⅳ

（11）人们将网络层次结构模型和各层协议定义为网络的

     A）拓扑结构   B）开放系统互联模型

     C）体系结构   D）协议集

（12）关于网络体系结构，以下哪种描述是错误的？

     A）物理层完成比特流的传输

     B）数据链路层用于保证端到端数据的正确传输

     C）网络层为分组通过通信子网选择适合的传输路径

     D）应用层处于参考模型的最高层

（13）关于 TCP/IP 参考模型传输层的功能，以下哪种描述是错误的？

     A）传输层可以为应用进程提供可靠的数据传输服务

     B）传输层可以为应用进程提供透明的数据传输服务

     C）传输层可以为应用进程提供数据格式转换服务

     D）传输层可以屏蔽低层数据通信的细节

（14）在因特网中，地址解析协议 ARP 是用来解析

     A）IP 地址与 MAC 地址的对应关系   B）MAC 地址与端口号的对应关系

     C）IP 地址与端口号的对应关系   D）端口号与主机名的对应关系

（15）速率为 10Gbps 的 Ethernet 发送 1bit 数据需要的时间是

     A）1×10^{-6} 秒   B）1×10^{-9} 秒

     C）1×10^{-10} 秒   D）1×10^{-12} 秒

（16）以下关于误码率的描述中，哪种说法是错误的？

     A）误码率是指二进制码元在数据传输系统中传错的概率

     B）数据传输系统的误码率必须为 0

     C）在数据传输速率确定后，误码率越低，传输系统设备越复杂

     D）如果传输的不是二进制码元，要折合成二进制码元计算

（17）以下哪个不是决定局域网特性的要素？

     A）传输介质   B）网络拓扑

     C）介质访问控制方法   D）网络应用

（18）在总线型局域网中，由于总线作为公共传输介质被多个结点共享，因此在工作过程中需要解决的问题是

     A）拥塞   B）冲突   C）交换   D）互联

（19）以下关于 Token Bus 局域网特点的描述中，哪个是错误的？

     A）令牌是一种特殊结构的帧，用来控制结点对总线的访问权

     B）令牌总线必须周期性地为新结点加入环提供机会

     C）令牌总线不需要进行环维护

     D）令牌总线能够提供优先级服务

（20）关于共享式 Ethernet 的描述中，哪个是错误的？

     A）共享式 Ethernet 的连网设备复杂

B）共享式 Ethernet 的覆盖范围有限

C）共享式 Ethernet 不能提供多速率的设备支持

D）共享式 Ethernet 不适用于传输实时性要求高的应用

（21）虚拟局域网采取什么方式实现逻辑工作组的划分和管理？

    A）地址表　　　　　B）软件　　　　　C）路由表　　　　　D）硬件

（22）Gigabit Ethernet 为了保证在传输速率提高到 1000Mbps 时不影响 MAC 子层，定义了一个新的

    A）千兆介质专用接口　　　　　B）千兆单模光纤接口

    C）千兆逻辑链路子层接口　　　　　D）千兆多模光纤接口

（23）IEEE 802.11 使用的传输技术为

    A）红外、跳频扩频与蓝牙　　　　　B）跳频扩频、直接序列扩频与蓝牙

    C）红外、直接序列扩频与蓝牙　　　　　D）红外、跳频扩频与直接序列扩频

（24）在 VLAN 的划分中，不能按照以下哪种方法定义其成员？

    A）交换机端口　　　　　B）MAC 地址

    C）操作系统类型　　　　　D）IP 地址

（25）以下关于组建一个多集线器 10Mbps 以太网的配置规则，哪个是错误的？

    A）可以使用 3 类非屏蔽双绞线

    B）每一段非屏蔽双绞线长度不能超过 100 米

    C）多个集线器之间可以堆叠

    D）网络中可以出现环路

（26）关于操作系统，以下哪种说法是错误的？

    A）设备 I/O 通过驱动程序驱动外部设备

    B）文件 I/O 管理着应用程序占有的内存空间

    C）在保护模式下，当实内存不够用时可生成虚拟内存以供使用

    D）在多任务环境中，要把 CPU 时间轮流分配给各个激活的应用程序

（27）关于网络操作系统，以下哪种说法是错误的？

    A）提供防火墙服务

    B）屏蔽本地资源与网络资源之间的差异

    C）管理网络系统的共享资源

    D）为用户提供基本的网络服务功能

（28）对于 Windows 2000 Server，以下哪种说法是错误的？

    A）域是它的基本管理单位

    B）活动目录服务是它最重要的功能之一

    C）域控制器分为主域控制器和备分域控制器

    D）它不划分全局组和本地组

（29）对于 Linux，以下哪种说法是错误的？

    A）Linux 是一套免费使用和自由传播的类 Unix 操作系统

    B）Linux 提供强大的应用程序开发环境，支持多种编程语言

    C）Linux 提供对 TCP/IP 协议的完全支持

D）Linux 内核不支持 IP 服务质量控制

（30）对于 HP-UX，以下哪种说法是错误的？

　　A）HP-UX 是 IBM 公司的高性能 Unix

　　B）大部分 HP 高性能工作站预装了 HP-UX

　　C）HP-UX 符合 POSIX 标准

　　D）HP-UX 的出色功能使其在金融领域广泛应用

（31）对于 Solaris，以下哪种说法是错误的？

　　A）Solaris 是 SUN 公司的高性能 Unix

　　B）Solaris 运行在许多 RISC 工作站和服务器上

　　C）Solaris 支持多处理、多线程

　　D）Solaris 不支持 Intel 平台

（32）对于因特网，以下哪种说法是错误的？

　　A）因特网是一个广域网

　　B）因特网内部包含大量的路由设备

　　C）因特网是一个信息资源网

　　D）因特网的使用者不必关心因特网的内部结构

（33）在因特网中，信息资源和服务的载体是

　　A）集线器　　　　　B）交换机　　　　　C）路由器　　　　　D）主机

（34）关于 IP 协议，以下哪种说法是错误的？

　　A）IP 协议是一种互联网协议

　　B）IP 协议定义了 IP 数据报的具体格式

　　C）IP 协议要求下层必须使用相同的物理网络

　　D）IP 协议为传输层提供服务

（35）如果借用一个 C 类 IP 地址的 3 位主机号部分划分子网，那么子网屏蔽码应该是

　　A）255.255.255.192　　　　　　B）255.255.255.224

　　C）255.255.255.240　　　　　　D）255.255.255.248

（36）在 IP 数据报中，如果报头长度域的数值为 5，那么该报头的长度为多少个 8 位组？

　　A）5　　　　　B）10　　　　　C）15　　　　　D）20

（37）关于因特网中的主机和路由器，以下哪种说法是错误的？

　　A）主机通常需要实现 TCP 协议　　　B）主机通常需要实现 IP 协议

　　C）路由器必须实现 TCP 协议　　　　D）路由器必须实现 IP 协议

（38）在因特网中，请求域名解析的软件必须知道

　　A）根域名服务器的 IP 地址　　　　B）任意一个域名服务器的 IP 地址

　　C）根域名服务器的域名　　　　　　D）任意一个域名服务器的域名

（39）在 Telnet 中，引入 NVT 的主要目的是

　　A）屏蔽不同计算机系统对键盘输入的差异

　　B）提升用户使用 Telnet 的速度

　　C）避免用户多次输入用户名和密码

　　D）为 Telnet 增加文件下载功能

4

(40) 因特网用户使用 FTP 的主要目的是
    A) 发送和接收即时消息　　　　　　　B) 发送和接收电子邮件
    C) 上传和下载文件　　　　　　　　　D) 获取大型主机的数字证书

(41) 关于 WWW 服务系统，以下哪种说法是错误的？
    A) WWW 服务采用客户机/服务器工作模式
    B) Web 页面采用 HTTP 书写而成
    C) 客户端应用程序通常称为浏览器
    D) 页面到页面的链接信息由 URL 维持

(42) 因特网用户利用电话网接入 ISP 时需要使用调制解调器，其主要作用是
    A) 进行数字信号与模拟信号之间的变换　　B) 同时传输数字信号和语音信号
    C) 放大数字信号，中继模拟信号　　　　　D) 放大模拟信号，中继数字信号

(43) 在因特网中，一般采用的网络管理模型是
    A) 浏览器/服务器　　　　　　　　　　B) 客户机/服务器
    C) 管理者/代理　　　　　　　　　　　D) 服务器/防火墙

(44) Windows NT 操作系统能够达到的最高安全级别是
    A) C1　　　　　B) C2　　　　　C) D1　　　　　D) D2

(45) 下面哪种加密算法不属于对称加密？
    A) DES　　　　　B) IDEA　　　　　C) TDEA　　　　　D) RSA

(46) 用户张三给文件服务器发命令，要求将文件"张三.doc"删除。文件服务器上的认证机制需要确定的主要问题是
    A) 张三是否有删除该文件的权利　　　　B) 张三采用的是哪种加密技术
    C) 该命令是否是张三发出的　　　　　　D) 张三发来的数据是否有病毒

(47) 为了确定信息在网络传输过程中是否被他人篡改，一般采用的技术是
    A) 防火墙技术　　　　　　　　　　　B) 数据库技术
    C) 消息认证技术　　　　　　　　　　D) 文件交换技术

(48) KDC 分发密钥时，进行通信的两台主机都需要向 KDC 申请会话密钥。主机与 KDC 通信时使用的是
    A) 会话密钥　　　　　　　　　　　　B) 公开密钥
    C) 二者共享的永久密钥　　　　　　　D) 临时密钥

(49) 张三从 CA 得到了李四的数字证书，张三可以从该数字证书中得到李四的
    A) 私钥　　　　　B) 数字签名　　　　　C) 口令　　　　　D) 公钥

(50) 在进行消息认证时，经常利用安全单向散列函数产生消息摘要。安全单向散列函数不需要具有下面哪个特性？
    A) 相同输入产生相同输出　　　　　　B) 提供随机性或者伪随机性
    C) 易于实现　　　　　　　　　　　　D) 根据输出可以确定输入消息

(51) 以下关于防火墙技术的描述，哪个是错误的？
    A) 防火墙可以对网络服务类型进行控制
    B) 防火墙可以对请求服务的用户进行控制
    C) 防火墙可以对网络攻击进行反向追踪

D）防火墙可以对用户如何使用特定服务进行控制

(52) Kerberos 是一种网络认证协议，它采用的加密算法是

    A）RSA   B）PGP   C）DES   D）MD5

(53) 关于电子商务，以下哪种说法是错误的？

    A）电子商务是以开放的因特网环境为基础的

    B）电子商务主要是基于浏览器/服务器方式的

    C）电子商务的两种基本形式是 B to B 与 B to C

    D）电子商务活动都涉及资金的支付与划拨

(54) 关于 SET 协议，以下哪种说法是错误的？

    A）SET 是为了保证电子现金在因特网上的支付安全而设计的

    B）SET 可以保证信息在因特网上传输的安全性

    C）SET 能够隔离订单信息和个人账号信息

    D）SET 要求软件遵循相同的协议和消息格式

(55) 以下哪种不是建立电子政务信息安全基础设施的必要组成部分？

    A）安全保密系统   B）授权管理基础设施

    C）计费系统   D）公钥基础设施

(56) 在电子政务的发展过程中，面向数据处理阶段的主要特征是

    A）构建"虚拟政府"，推动政府部门之间的协同工作和信息共享

    B）建设政府内部的办公自动化系统和信息管理系统

    C）利用知识管理技术提升政府的决策能力

    D）通过"一站式政府"服务中心提供跨部门的政府业务服务

(57) 关于电子商务系统中的支付软件，以下哪种说法是正确的？

    A）服务器端和客户端的支付软件都称为电子钱包

    B）服务器端和客户端的支付软件都称为电子柜员机

    C）服务器端的支付软件称为电子钱包，客户端的支付软件称为电子柜员机

    D）服务器端的支付软件称为电子柜员机，客户端的支付软件称为电子钱包

(58) 以下关于 xDSL 技术的说法中，哪个是错误的？

    A）xDSL 采用数字用户线路   B）xDSL 可以提供 128kbps 以上带宽

    C）xDSL 的上下行传输必须对称   D）xDSL 接入需要使用调制解调器

(59) ATM 技术对传输的信元进行 CRC 校验。此校验是针对

    A）信元   B）仅信元头部   C）仅载荷   D）仅信道标识

(60) IEEE 802.11b 采用的介质访问控制方式是

    A）CSMA/CD   B）TD-SCDMA   C）DWDM   D）CSMA/CA

二、填空题

    请将答案分别写在答题卡中序号为【1】至【20】的横线上，答在试卷上不得分。

(1) 工作站通常具有很强的图形处理能力，支持【1】图形端口。

(2) 美国 IEEE 的一个专门委员会曾经把计算机分为六类，即：大型主机、小型计算机、
    【2】、工作站、巨型计算机和小巨型机。

（3）按照 OSI 参考模型，网络中每一个结点都有相同的层次，不同结点的对等层使用相同的【3】。

（4）UDP 是一种面向【4】、不可靠的传输层协议。

（5）Ethernet 的 MAC 地址长度为【5】位。

（6）与共享介质局域网不同，交换式局域网可以通过交换机端口之间的【6】连接增加局域网的带宽。

（7）以太网交换机的帧转发主要有 3 种方式，它们是直接交换、改进的直接交换和【7】交换。

（8）100BASE-T 网卡主要有：【8】、100BASE-FX、100BASE-T4 和 100BASE-T2。

（9）Novell 公司曾经轰动一时的网络操作系统是【9】，今天仍有 6.5 版本在使用。

（10）Unix 系统结构由两部分组成：一部分是内核，另一部分是【10】。

（11）IP 具有两种广播地址形式，它们是【11】广播地址和有限广播地址。

（12）下表为一路由器的路由表。如果该路由器接收到一个源 IP 地址为 10.0.0.10、目的 IP 地址为 40.0.0.40 的 IP 数据报，那么它将把此 IP 数据报投递到【12】。

要到达的网络	下一路由器
20.0.0.0	直接投递
30.0.0.0	直接投递
10.0.0.0	20.0.0.5
40.0.0.0	30.0.0.7

（13）电子邮件应用程序向邮件服务器传送邮件时使用的协议为【13】。

（14）网络故障管理的一般步骤包括：发现故障、判断故障、【14】故障、修复故障、记录故障。

（15）在因特网中，SNMP 使用的传输层协议是【15】。

（16）当信息从信源向信宿流动时可能会受到攻击。其中中断攻击是破坏系统资源，这是对网络【16】性的攻击。

（17）Elgamal 公钥体制的加密算法具有不确定性，它的密文不仅依赖于待加密的明文，而且依赖于用户选择的【17】。

（18）电子支付有 3 种主要方式，它们是电子现金、电子支票和电子【18】。

（19）一站式电子政务应用系统的实现流程可以划分为 3 个阶段，它们是【19】、服务请求和服务调度及处理。

（20）SDH 自愈环技术要求网络设备具有发现替代【20】并重新确立通信的能力。

2006 年 4 月三级网络技术笔试试卷答案和解析

一、选择题

(1) 【答案】C【解析】SUN 公司在 20 世纪 80 年代初，就提出了"网络就是计算机"的战略思想，"网络就是计算机"指引着 SUN 各项技术的发展，为全球各个重要的市场增添活力。选项 C 正确。

(2) 【答案】B【解析】二进制和十六进制的互相转换非常重要，不过这二者的转换却不用计算，16 是 2^4，十六进制数的每一位都可以转换为二进制的四位，题目中的 1 转换位二进制为 0001，2 为 0010，D 为 1101，C 为 1100。选项 B 正确。

(3) 【答案】A【解析】系统的可靠性通常用平均无故障时间（Mean Time Between Failures，MTBF）和平均故障修复时间（Mean Time To Repair，MTTR）来表示。MTBF 是指多长时间系统发生一次故障，这里的故障主要指硬件故障，不是软件引起的暂时失败。选项 A 正确。

(4) 【答案】D【解析】目前，许多超级计算机都是用大量 CPU 芯片组成的多重处理系统。多重处理技术是指多 CPU 系统，它是高速并行处理技术中最常用的体系结构之一。由于奔腾提供的数据一致性以及存储器的定序存取功能，使它适合于多机环境下数据的交换和任务的分配，从而通过多机协作能够共同解决一个复杂的大问题。选项 D 正确。

(5) 【答案】C【解析】主板分类是考试重点内容。按照是否即插即用可将主板分为：PnP 主板和非 PnP 主板。PnP 主板支持即插即用。选项 C 正确。

(6) 【答案】B【解析】在软件生命周期中，通常分为计划阶段、开发阶段和运行阶段，选项 A 说法正确；在计划阶段分为问题定义、可行性研究两个子阶段，需求分析是在开发阶段进行的，选项 B 说法错误，为本题正确答案；在开发后期要进行编写代码和软件测试两个子阶段，选项 C 说法正确；在运行阶段，主要任务是软件维护，选项 D 说法正确。

(7) 【答案】D【解析】网络操作系统（Network Operating System，NOS）是指能使网络上各个计算机方便而有效地共享网络资源，为用户提供所需的各种服务的操作系统软件。网络操作系统的基本任务就是：屏蔽本地资源与网络资源的差异性，为用户提供各种基本网络服务功能，完成网络共享系统资源的管理，并提供网络系统的安全性服务。用户不必了解网络的拓扑结构、网络协议和硬件结构。选项 D 正确。

(8) 【答案】C【解析】现有 Internet 的基础是 IPv4，地址长度只有 32 位。IP 版本 6（IPv6），同现在使用的版本 4 有较大改变，IPv6 地址有 128 位，也就是说可以有 2^{128} 个 IP 地址，形成了一个巨大的地址空间。采用 IPv6 地址后，未来的移动电话、冰箱等信息家电都可以拥有自己的 IP 地址。选项 C 正确。

(9) 【答案】A【解析】城域网（Metropolitan Area Network，MAN）是介于广域网和局域网之间的一种高速网络。设计目标是满足几十公里范围内的大量企业、机关、公司的多个局域网互联的需求，以实现大量用户之间的数据、语音、图形与视频等多种信息的传输功能。选项 A 正确。

(10)【答案】B【解析】光纤主要用于长距离、高速率、抗干扰和保密性要求高的应用领域中，可见 I、II 和III是光纤的主要特点，而拓扑结构与是否使用光纤并没有关系。选项 B

正确。

(11)【答案】C【解析】将计算机网络层次结构模型和各层协议的集合定义位计算机网络的体系结构（Network Architecture）。网络体系结构是对计算机网络应完成的功能的精确的定义。选项 C 正确。网络中的计算机等设备要实现互联，就需要以一定的结构方式进行连接，这种连接方式就叫作"拓扑结构"，通俗地讲，是这些网络设备如何连接在一起的，选项 A 错误。开放式系统互联（Open System Interconnect，OSI）参考模型是国际标准化组织（ISO）和国际电报电话咨询委员会（CCITT）联合制定的开放系统互联参考模型，为开放式互联信息系统提供了一种功能结构的框架，它从低到高分别是：物理层、数据链路层、网络层、传输层、会话层、表示层和应用层，选项 B 错误。因特网的协议集主要指的是 TCP/IP 协议集，主要包括 TCP、IP 等协议，选项 D 错误。

(12)【答案】B【解析】数据链路层是采用差错控制、流量控制方法，使有差错的物理线路变成无差错的数据线路；而传输层的主要任务是面向用户提供可靠的端到端（End-to-End）服务。选项 B 正确。

(13)【答案】C【解析】传输层的主要任务是面向用户提供可靠的端到端（End-to-End）服务，透明地传送报文，它向高层屏蔽了下层数据通信的细节；数据格式转换服务是在 TCP/IP 参考模型的应用层完成的。选项 C 说法错误，为本题正确答案。

(14)【答案】A【解析】地址解析协议（Address Resolution Protocol，ARP）是用来确定 IP 地址与 MAC 地址的对应关系。IP 数据包常通过以太网发送，以太网设备并不识别 32 位 IP 地址，它们是以 48 位以太网地址传输以太网数据包的。因此，IP 驱动器必须把 IP 目的地址转换成以太网目的地址。选项 A 正确。

(15)【答案】C【解析】bps 即 b/s（bit/second 或者 bit per second），10Gbps＝1×10^{10}bps，也就是每秒 1×10^{10} 比特，每 bit 需要的时间是 1×10^{-10} 秒。选项 C 正确。

(16)【答案】B【解析】误码率是指二进制码元在数据传输系统中传错的概率，是衡量传输系统正常工作状态下传输可靠性的参数，选项 A 说法正确。根据实际传输要求提出误码率要求，不能笼统地要求误码率必须为零，选项 B 说法错误，为本题正确答案。在数据传输速率确定后，误码率越低，传输系统设备越复杂，选项 C 说法正确。如果传输的不是二进制码元，要折合成二进制码元来计算，选项 D 说法正确。

(17)【答案】D【解析】决定局域网特性的主要技术要素是：网络拓扑、传输介质与介质访问控制方法，而网络应用与局域网并没有直接关系。选项 D 为正确答案。

(18)【答案】B【解析】总线型拓扑是局域网最主要的拓扑构型之一，所有的节点都通过相应的网卡直接连接到一条作为公共传输介质的总线上，属于共享介质方式，在这种方式中，必须解决多结点访问总线的介质访问控制（Medium Access Control，MAC）问题。由于总线作为公共传输介质被多个结点共享，因此在工作过程中需要解决的问题是冲突（collision）。选项 B 正确。

(19)【答案】C【解析】Token Bus 是一种在总线拓扑中利用"令牌"（Token）作为控制结点访问公共传输介质的确定型介质访问控制方法。令牌是一种特殊结构的控制帧，用来控制结点对总线的访问权，必有一个或多个结点完成环维护工作，选项 C 说法错误，为本题正确答案。

(20)【答案】A【解析】共享式 Ethernet 上的所有站点共享同一带宽，当网上任意两个站点之间进行信息传输时，其他站点只能等待。共享式 Ethernet 的连网设备简单，覆盖范围有限，不能提供多速率的设备支持，不适用于传输实时要求高的应用。这种方式已经被逐渐淘汰，现在基本上都是使用交换式 Ethernet。选项 A 说法错误，为本题正确答案。

(21)【答案】B【解析】虚拟局域网是建立在局域网交换机或 ATM 交换机之上的，它以软件方式来实现逻辑工作组的划分与管理，逻辑工作组的结点组成不受物理位置的限制。当一个结点从一个逻辑工作组转移到另一个逻辑工作组时，只需要通过软件设定，而不需要改变结点在网络中的物理位置。选项 B 正确。

(22)【答案】A【解析】Gigabit Ethernet 定义了千兆介质专用接口（Gigabit Media Independent Interface，GMII），它将 MAC 子层与物理层分隔开来，这样保证传输速率提高到 1000Mbps 时不影响 MAC 子层。选项 A 正确。

(23)【答案】D【解析】IEEE 802.11 定义了使用红外、跳频扩频与直接序列扩频技术，数据传输速率为 1Mbps 或 2Mbps 的无线局域网技术规范，按照所采用的传输技术可以分为 3 类：红外线局域网、窄带微波局域网和扩频无线局域网。选项 D 正确。

(24)【答案】C【解析】VLAN 划分有 4 种方式：用交换机端口号定义虚拟局域网、用 MAC 地址定义虚拟局域网、用网络层地址定义虚拟局域网和 IP 广播组虚拟局域网。选项 C 并不属于 VLAN 的划分方法，为本题正确答案。

(25)【答案】D【解析】在 10Mbps 局域网组建中，绝对不允许出现环路，一旦出现环路，将会引起"广播风暴"。因为集线器会将收到的信息转发到每个端口，当形成环路后，主机系统会响应一个在网上不断循环的报文分组或者试图响应一个没有应答的系统时就会发生广播风暴。请求或者响应分组源源不断产生，就会产生拥塞，从而降低网络的性能以至于使之陷入瘫痪。选项 D 说法错误，为本题正确答案。

(26)【答案】B【解析】操作系统是计算机系统的重要组成部分，管理着 4 个主要操作：进程、内存分配、文件输入输出（I/O）和设备输入输出（I/O）。文件 I/O 并不管理应用程序占有的内存空间，而是负责管理在硬盘和其他大容量存储设备中存储的文件。选项 B 说法错误，为本题正确答案。

(27)【答案】A【解析】网络操作系统的基本任务是：屏蔽本地资源与网络资源之间的差异，为用户提供各种基本网络服务功能，完成网络共享系统资源的管理，并提供网络系统的安全性服务。虽然现在很多网络操作系统自带了防火墙服务，但不算是网络操作系统的主要任务。选项 A 说法错误，为本题正确答案。

(28)【答案】C【解析】域仍然是 Windows 2000 Server 的基本管理单位，不再区分主域控制器与备份域控制器，原因是 Windows 2000 Server 采用了活动目录服务。选项 C 说法错误，为本题正确答案。

(29)【答案】D【解析】Linux 是一套免费使用和自由传播的类 Unix 操作系统，符合 Unix 标准，最大的特点是源代码开放，选项 A 说法正确。Linux 提供强大的应用程序开发环境，支持多种编程语言，选项 B 说法正确。Linux 操作系统有着先进的网络能力，提供对 TCP/IP 协议的完全支持，选项 C 说法正确。服务质量（QoS）是一个正在发展的因特网标准系列，它为优先处理某些类型的 IP 流量提供了方法。Linux 操作系统为 QoS 提供主机支持，将出站流量分类为不同类别的服务，并且由客户机应用程序按照请求宣布并建立资源保留，选项 D 说法错误，为本题正确答案。

(30)【答案】A【解析】HP-UX 是 HP 公司的 Unix 系统，而 IBM 公司的 Unix 是 AIX，选项 A 说法错误，为本题正确答案。

(31)【答案】D【解析】Solaris 是 SUN 公司的高性能 Unix 操作系统，选项 A 说法正确。Solaris 运行在 SUN 公司的 RISC 芯片的工作站和服务器上，但 Solaris 也有基于 Intel x86 的 Unix 系统，例如 Solaris 应用服务器就组合了 Solaris x86 2.5 操作系统和 SUN 公司的 SolarNet PC Protocols Services。Solaris x86 具有对称多处理、多线程和优秀的容错功能。选项 D 说法错误，为本题正确答案。

(32)【答案】A【解析】因特网是计算机互联网的一个实例，由分布在世界各地的计算机网络，通过路由器来连接，不能简单地将因特网说成是广域网、局域网或者城域网。

(33)【答案】D【解析】在因特网中，集线器、交换机和路由器并不具有提供信息资源和服务的功能，只是属于网络互联设备，信息资源和服务的载体是主机，也就是我们平时说的服务器。选项 D 正确。

(34)【答案】C【解析】IP 是工作在网络层的协议，为传输层提供服务。IP 协议定义了 IP 数据报的具体格式，负责为计算机之间传输的数据报寻址，并管理这些数据报的分片过程。作为一种互联网协议，运行于互联层，屏蔽各个物理网络的细节和差异，并不要求下层必须使用相同的物理网络。选项 C 说法错误，为本题正确答案。

(35)【答案】B【解析】通常情况下 C 类 IP 地址的前三个字节为网络号，而后一个字节为主机号。题目中要求使用一个 C 类 IP 地址的 3 位主机号部分划分子网，那就只有最后一个字节的后 5 位作为主机号，掩码应该是二进制的 11100000，换算为十进制是 224，因此子网屏蔽码为 255.255.255.224。选项 B 正确。

(36)【答案】D【解析】在 IP 数据报中有两个表示长度的域，报头长度和总长度。报头长度以 32 位双字位单位，指出该报头的长度。在没有选项和填充的情况下，该值为"5"，此时报头的长度为 32×5＝160，也就是 20 个 8 位组。选项 D 正确。

(37)【答案】C【解析】路由器是连接两个或多个物理网络，负责将一个网络接收来的 IP 数据报，经过路由选择，转发到一个合适的网络中。它工作在网络层，必须实现 IP 协议，而不必实现 TCP 协议。选项 C 说法错误，为本题正确答案。主机通常既需要实现 TCP 协议，也需要实现 IP 协议。

(38)【答案】B【解析】在因特网中，请求域名解析的软件都至少知道如何访问一个服务器，这里使用的是 IP 地址。而每一个域名服务器都至少知道根服务器地址及其父结点服务器地址。域名解析可以有两种方式。第一种叫递归解析，要求名字服务器系统一次性完成全部名字－地址变换。第二种叫反复解析，每次请求一个服务器，不行再请求别的服务器。选项 B 正确。

(39)【答案】A【解析】Telnet 协议引入网络虚拟终端（Network Virtual Terminal，NVT）的目的是为了解决系统的差异性，NVT 提供了一种标准的键盘定义，用来屏蔽不同计算机系统对键盘输入的差异性。选项 A 正确。

(40)【答案】C【解析】FTP（File Transfer Protocol）是文件传输协议，为计算机之间双向文件传输提供一种有效的手段，它允许用户将本地计算机中的文件上传到远端的计算机中，或将远端的计算机中的文件下载到本地计算机中。选项 C 正确。

(41)【答案】B【解析】WWW 服务采用客户机/服务器工作模式，以超文本标记语言（HyperText Markup Language，HTML）域超文本传输协议为基础，为用户提供界面一致的信息浏览系统。HTTP 是一种协议，而不是语言，选项 B 说法错误，为本题正确答案。Web 页面一般采用超文本标记语言书写而成。

(42)【答案】A【解析】电话线路是为传输音频信号而建设的，计算机输出的数字信号不能直接在普通的电话线路上传输。调制解调器在通信的一端负责将计算机输出的数字信号转换成普通电话线路能够传输的模拟信号，在另一端将从电话线路上接收到的信号转换成计算机能够处理的数字信号。选项 A 正确。

(43)【答案】C【解析】在因特网中，一般采用的网络管理模型是管理者/代理，管理者与代理之间利用网络实现管理信息的交换、控制、协调和监视网络资源，完成管理功能。选项 C 正确。

(44)【答案】B【解析】Windows NT 操作系统能够达到的最高安全级别是 C2，受控的访问控制，主要特征是存取控制以用户为单位，广泛的审计，选项 B 正确。除了 Windows NT，能够达到 C2 级的常见操作系统有 Unix、XENIX、Novell NetWare 3.x 或更高版本。

(45)【答案】D【解析】对称加密使用单个密钥对数据进行加密或者解密，常见的有 DES、TDEA、RC5、IDEA 等。非对称型加密算法的特点是有两个密钥，常见的有 RSA、DSA 等。选项 D 正确。

(46)【答案】C【解析】认证的主要目的有两个：第一，信源识别，验证信息的发送者是真实的，而不是冒充的；第二，完整性验证，保证信息在传送过程中未被篡改、重放或延迟等。本题主要是对信源的识别，文件服务器上的认证机制需要确定的主要问题是该命令是否是张三发出的，选项 C 正确。

(47)【答案】C【解析】消息认证就是意定的接收者能够检验收到的消息是否真实的方法，又称为完整性校验，主要内容有：证实消息的信源和信宿；消息内容是否曾收到偶然或有意地篡改；消息地序号和时间性是否正确。本题采用的技术就是消息认证技术，选项 C 正确。

(48)【答案】C【解析】当允许两个主机建立连接时，KDC 为该连接提供临时的会话密钥，在会话或连接结束时，销毁会话密钥。KDC 分发密钥时，主机与 KDC 通信时使用的是用永久密钥加密的会话密钥，选项 C 正确。

(49)【答案】D【解析】证书是一个经证书授权中心数字签名的，包含证书拥有者的基本信息和公开密钥。张三从 CA 得到了李四的数字证书，张三可以从该数字证书中得到李四的公钥，其他信息并不能从数字证书中获得。选项 D 正确。

(50)【答案】D【解析】常常利用安全单向散列函数来产生消息摘要，必须具有的属性有：相同输入产生相同输出；提供随机性或者伪随机性；如果给出输出，不可能确定出输入信息；易于实现高速计算。选项 D 说法错误，为本题正确答案。

(51)【答案】C【解析】防火墙能够对网络服务类型进行控制，可以对请求服务的用户进行控制，可以对用户使用特定服务进行控制，可以采用监听和警报技术监视与安全有关的事件，但不能对网络攻击进行反向跟踪。选项 C 说法错误，为本题正确答案。

(52)【答案】C【解析】Kerberos 是一种对称密码网络认证协议，它使用 DES 加密算法进行加密和认证。选项 C 正确。

(53)【答案】D【解析】电子商务是以开放的因特网环境为基础，在计算机系统支持下进行的商务活动，大部分涉及资金的支付与划拨，但并不是所有的都会涉及。选项 D 说法错误，为本题正确答案。

(54)【答案】A【解析】安全电子交易（Secure Electronic Transaction，SET）是由 VISA 和 MASTCARD 所开发的开放式支付规范，是为了保证信用卡在公共因特网上支付的安全而设立的，选项 A 说法错误，为本题正确答案。SET 协议的目标就是保证信息在公共因特网上安全传输，保证网上传输的数据不被黑客窃取；订单信息与个人账号隔离；持卡人和商家相互认证，以确保交易各方的真实身份；要求软件遵循相同协议和信息格式。

(55)【答案】C【解析】电子政务信息安全基础设施以公钥基础设施 PKI、授权管理基础设施 PMI、可信时间戳服务系统和安全保密管理系统等为重点，计费系统并不属于必要组成部分，选项 C 正确。

(56)【答案】B【解析】面向数据处理阶段的主要特征是：通过基于文件系统和数据库系统的综合运用，以结构化数据为存储和处理的对象，重点强调对数据的计算和处理能力，实现了数据统计和日常文档处理的电子化，完成了办公信息载体从原始纸介质向电子介质的飞跃，实现了公务员个体工作的自动化。主要局限于某一个部门内部。选项 B 正确。

(57)【答案】D【解析】电子商务系统中的支付软件，服务器端的支付软件称为电子柜员机，客户端的支付软件称为电子钱包。选项 D 正确。

(58)【答案】C【解析】xDSL 的上下行传输并不一定对称，比如 HDSL 上下行都是 1.544Mbps，而 ADSL 就是非对称数字用户线，上行速率为 640kbps~1Mbps，下行速率为 1.5Mbps~8Mbps。选项 C 说法错误，为本题正确答案。

(59)【答案】B【解析】ATM 技术对传输的信元进行 CRC 校验，其目的是使接收器能够检测出信头在传输过程中发生的差错。选项 B 正确。

(60)【答案】D【解析】IEEE 802.11b 工作于 2.4GHz 频带，支持 5.5Mbps 和 11Mbps 两个新速率，采用直序扩频的调制方式，采用 CSMA/CA 的介质访问控制方式。选项 D 正确。

二、填空题

(1)　【答案】【1】高速 或 AGP【解析】工作站主要表现在有一个屏幕较大的显示器，以便显示设计图、工程图、控制图等，通常具有很强的图形处理能力，支持高速图形端口（Accelerated Graphics Port，AGP）。

(2)　【答案】【2】个人计算机 或 PC 或 微机【解析】计算机的分类有多种，美国 IEEE 的一个专门委员会曾经把计算机分为六类，即：大型主机、小型计算机、个人计算机、工作站、巨型计算机和小巨型机。

(3)　【答案】【3】协议【解析】ISO 将整个通信功能划分为七个层次，原则是：网中各个结点都有相同的层次，不同结点的同等层具有相同的功能，同一结点内相邻层之间通过接口通信，每一层使用下层提供的服务，并向上层提供服务，不同结点的同等层按照相同协议实现对等层之间的通信。

(4)　【答案】【4】无连接 或 非连接【解析】UDP 是一种面向无连接、不可靠的传输层协议，TCP 是一种面向连接、可靠的传输层协议。

(5)　【答案】【5】48【解析】Ethernet 的 MAC 地址长度为 48 位（6 个字节），保证全球所有可能的 Ethernet 物理地址的需求。

(6)　【答案】【6】并发【解析】交换式局域网的核心部件是它的局域网交换机，与共享介质局域网不同，交换式局域网可以通过交换机端口之间的并发连接，实现多结点之间数据的并发传输，增加局域网的带宽。

(7)　【答案】【7】存储转发 或 store and forward（字母大小写均可）【解析】Ethernet 交换机的帧转发主要有 3 种方式，它们是直接交换、改进的直接交换和存储转发交换。

(8)　【答案】【8】100BASE-TX（字母大小写均可）【解析】100BASE-T 网卡主要有：

100BASE-TX、100BASE-FX、100BASE-T4 和 100BASE-T2。

（9）【答案】【9】Netware（字母大小写均可）【解析】Novell 公司的 Netware 操作系统是以文件服务器为中心的，主要由 3 个部分组成：文件服务器内核、工作站外壳及底层通信协议，今天仍有部分用户在使用。

（10）【答案】【10】核外程序【解析】在系统结构上，Unix 可分为两大部分：一部分是操作系统的内核，另一部分是核外程序。内核又分为两个部分，文件子系统和进程控制子系统。

（11）【答案】【11】直接【解析】IP 具有两种广播地址形式，一种叫直接广播地址，包含一个有效的网络号和一个全"1"的主机号；另一种叫有限广播地址，32 位全为"1"的 IP 地址（255.255.255.255），用于本网广播。

（12）【答案】【12】30.0.0.7【解析】从路由器的路由表中可以看出，当该路由器接收到一个源 IP 地址为 10.0.0.10、目的 IP 地址为 40.0.0.40 的 IP 数据报时，会将该报文传送给路由器 30.0.0.7，由 30.0.0.7 路由器将报文传送到目的地。

（13）【答案】【13】SMTP 或 简单邮件传输协议 或 Simple Mail Transfer Protocol【解析】电子邮件应用程序向邮件服务器传送邮件时使用的协议为 SMTP，利用 POP3 或 IMAP 协议接收电子邮件。

（14）【答案】【14】隔离【解析】网络故障管理的一般步骤包括：发现故障、判断故障、隔离故障、修复故障、记录故障。

（15）【答案】【15】UDP 或 用户数据报协议【解析】在因特网中，简单网络管理协议 SNMP 使用的传输层协议是 UDP，端口号为 161。

（16）【答案】【16】可用【解析】Elgamal 公钥体制是一种基于离散对数的公钥密码体制，该体制的密文不仅依赖于待加密的明文，还依赖于用户选择的随机参数。

（17）【答案】【17】随机参数 或 随机变量 或 参数【解析】中断是指系统资源遭到破坏或者不能使用，这是对可用性的攻击。例如，对一些硬件进行破坏、切断通信线路或禁用文件管理系统等。

（18）【答案】【18】信用卡【解析】电子支付有 3 种主要方式，它们是电子现金、电子支票和电子信用卡。

（19）【答案】【19】身份认证【解析】一站式电子政务应用系统的实现流程可以划分为 3 个阶段，它们是身份认证、服务请求和服务调度及处理。在一次电子商务服务全部处理完毕后，需要对相关的服务处理情况和操作痕迹全部进行保存，用于对用户行为的分析和管理，以便针对用户的行为模型提供具有针对性的个性化电子政务服务。

（20）【答案】【20】传输路由 或 路由【解析】SDH 自愈技术无须人为干预，网络能在极短的时间内从失效故障中自动恢复所承载的业务，基本原理就是使网络具备发现替代传输路由并重新确立通信的能力。

2006 年 9 月三级网络技术笔试试卷

（考试时间 120 分钟，满分 100 分）

一、选择题

下列各题 A）、B）、C）、D）四个选项中，只有一个选项是正确的。请将正确选项涂写在答题卡相应位置上，答在试卷上不得分。

（1）微处理器已经进入双核和 64 位的时代，当前与 Intel 公司在芯片技术上全面竞争并获得不俗业绩的公司是
　　A）AMD 公司　　　B）HP 公司　　　C）SUN 公司　　　D）IBM 公司

（2）1983 年阿帕网正式采用 TCP/IP 协议，标志着因特网的出现。我国最早与因特网正式连接的时间是
　　A）1984 年　　　B）1988 年　　　C）1994 年　　　D）1998 年

（3）以下关于奔腾处理器体系结构的描述中，哪一个是错误的？
　　A）哈佛结构是把指令和数据进行混合存储
　　B）超流水线技术的特点是提高主频、细化流水
　　C）超标量技术的特点是设置多条流水线同时执行多个处理
　　D）分支预测能动态预测程序分支的转移

（4）以下关于 PCI 局部总线的描述中，哪一个是错误的？
　　A）PCI 的含义是外围部件接口　　　B）PCI 的含义是个人电脑接口
　　C）PCI 比 EISA 有明显的优势　　　D）PCI 比 VESA 有明显的优势

（5）以下关于主板的描述中，哪一个是错误的？
　　A）按 CPU 插座分类有 Slot 主板、Socket 主板
　　B）按主板的规格分类有 TX 主板、LX 主板
　　C）按数据端口分类有 SCSI 主板、EDO 主板
　　D）按扩展槽分类有 PCI 主板、USB 主板

（6）以下关于应用软件的描述中，哪一个是正确的？
　　A）微软公司的浏览软件是 Internet Explorer
　　B）桌面出版软件有 Publisher、PowerPoint
　　C）电子表格软件有 Excel、Access
　　D）金山公司的字处理软件是 WPS 2000

（7）以下关于计算机网络特征的描述中，哪一个是错误的？
　　A）计算机网络建立的主要目的是实现计算机资源的共享
　　B）网络用户可以调用网中多台计算机共同完成某项任务
　　C）联网计算机既可以联网工作也可以脱网工作
　　D）联网计算机必须使用统一的操作系统

（8）哪种广域网技术是在 X.25 公用分组交换网的基础上发展起来的？
　　A）ATM　　　　　　　　　　B）帧中继

C）ADSL   D）光纤分布式数据接口

（9）在实际的计算机网络组建过程中，一般首先应该做什么？

  A）网络拓扑结构设计   B）设备选型

  C）应用程序结构设计   D）网络协议选型

（10）综合业务数字网 ISDN 设计的目标是：提供一个在世界范围内协调一致的数字通信网络，支持各种通信服务，并在不同的国家采用相同的

  A）标准   B）结构   C）设备   D）应用

（11）城域网的主干网采用的传输介质主要是

  A）同轴电缆 B）光纤   C）屏蔽双绞线 D）无线信道

（12）常用的数据传输速率单位有 kbps、Mbps、Gbps。如果局域网的传输速率为 100Mbps，那么发送 1bit 数据需要的时间是

  A）1×10^{-6} s B）1×10^{-7} s C）1×10^{-8} s D）1×10^{-9} s

（13）误码率是指二进制码元在数据传输系统中被传错的

  A）比特数 B）字节数 C）概率   D）速率

（14）T1 载波速率为

  A）1.544Mbps B）2.048Mbps C）64kbps D）128kbps

（15）以下关于 OSI 参考模型的描述中，哪一种说法是错误的？

  A）OSI 参考模型定义了开放系统的层次结构

  B）OSI 参考模型定义了各层所包括的可能的服务

  C）OSI 参考模型定义了各层接口的实现方法

  D）OSI 参考模型作为一个框架协调和组织各层协议的制定

（16）地址解析协议 ARP 属于 TCP/IP 协议的哪一层？

  A）主机—网络层   B）互联层

  C）传输层   D）应用层

（17）IEEE 802.1 标准主要包括哪些内容？

  Ⅰ．局域网体系结构   Ⅱ．网络互联

  Ⅲ．网络管理   Ⅳ．性能测试

  A）仅Ⅰ和Ⅱ B）仅Ⅰ、Ⅱ和Ⅲ C）仅Ⅱ和Ⅲ D）全部

（18）IEEE 802.3z 标准定义了千兆介质专用接口 GMI 的目的是分隔 MAC 子层与

  A）物理层 B）LLC 子层 C）信号编码方式 D）传输介质

（19）Ethernet 交换机实质上是一个多端口的

  A）中继器   B）集线器   C）网桥   D）路由器

（20）采用直接交换方式的 Ethernet 交换机，其优点是交换延迟时间短，不足之处是缺乏

  A）并发交换能力   B）差错检测能力

  C）路由能力   D）地址解析能力

（21）如果将符合 10BASE-T 标准的 4 个 HUB 连接起来，那么在这个局域网中相隔最远的两台计算机之间的最大距离为

  A）200 米 B）300 米 C）400 米 D）500 米

（22）以下关于 Ethernet 地址的描述，哪个是错误的？

A）Ethernet 地址就是通常所说的 MAC 地址

B）MAC 地址又叫作局域网硬件地址

C）域名解析必然会用到 MAC 地址

D）局域网硬件地址存储在网卡之中

（23）以下哪个地址是 MAC 地址？

A）0D-01-22-AA   B）00-01-22-0A-AD-01

C）A0.01.00   D）139.216.000.012.002

（24）在一个 Ethernet 中，有 A、B、C、D 四台主机，如果 A 向 B 发送数据，那么

A）只有 B 可以接收到数据

B）四台主机都能接收到数据

C）只有 B、C、D 可以接收到数据

D）四台主机都不能接收到数据

（25）以下关于虚拟局域网特征的描述中，哪一种说法是错误的？

A）虚拟局域网建立在局域网交换机或 ATM 交换机之上

B）虚拟局域网能将网络上的结点按工作性质与需要划分成若干个逻辑工作组

C）虚拟局域网以软件方式实现逻辑工作组的划分与管理

D）同一逻辑工作组的成员必须连接在同一个物理网段上

（26）以下关于操作系统的描述中，哪一种说法是错误的？

A）DOS 是单任务的图形界面操作系统

B）DOS 通过 FAT 文件表寻找磁盘文件

C）Windows 是多任务的图形界面操作系统

D）Windows 通过虚拟文件表 VFAT 寻找磁盘文件

（27）以下关于网络操作系统的描述中，哪一种说法是错误的？

A）屏蔽本地资源和网络资源之间的差异

B）具有硬件独立特性，支持多平台

C）提供文件服务和打印管理

D）客户和服务器的软件可以互换

（28）以下关于 Windows 2000 的描述中，哪一种说法是错误的？

A）服务器的新功能之一是活动目录服务

B）域是基本的管理单位

C）域控制器不再区分主从结构

D）数据中心版适合数字家庭使用

（29）以下关于 NetWare 的描述中，哪一种说法是错误的？

A）强大的文件和打印服务功能

B）不支持 TCP/IP 协议

C）良好的兼容性和系统容错能力

D）完备的安全措施

（30）对于 Linux，以下哪种说法是错误的？

A）Linux 是一种开源的操作系统

B）Linux 提供了强大的应用程序开发环境

C）Linux 可以免费使用

D）Linux 不支持 Sparc 硬件平台

（31）关于 Unix 操作系统的特性，以下哪种说法是错误的？

A）Unix 是一个支持多任务、多用户的操作系统

B）Unix 本身由 Pascal 语言编写，易读、易移植

C）Unix 提供了功能强大的 Shell 编程语言

D）Unix 的树结构文件系统有良好的安全性和可维护性

（32）通信线路的带宽是描述通信线路的

A）纠错能力　　　　B）物理尺寸　C）互联能力　　　D）传输能力

（33）在因特网中，屏蔽各个物理网络的差异主要通过以下哪个协议实现？

A）NETBEIU　　　　B）IP　　　　C）TCP　　　　D）SNMP

（34）以下哪一个是用户仅可以在本地内部网络中使用的专用 IP 地址？

A）192.168.1.1　　B）20.10.1.1　C）202.113.1.1　　D）203.5.1.1

（35）关于 IP 数据报的报头，以下哪种说法是错误的？

A）版本域表示与该数据报对应的 IP 协议的版本号

B）头部校验和域用于保证 IP 报头的完整性

C）服务类型域说明数据区数据的格式

D）生存周期域表示该数据报可以在因特网中的存活时间

（36）关于静态路由，以下哪种说法是错误的？

A）静态路由通常由管理员手工建立

B）静态路由可以在子网编址的互联网中使用

C）静态路由不能随互联网结构的变化而自动变化

D）静态路由已经过时，目前很少有人使用

（37）在因特网中，路由器必须实现的网络协议为

A）IP　　　　　　B）IP 和 HTTP　　C）IP 和 FTP　　　　D）HTTP 和 FTP

（38）关于因特网的域名系统，以下哪种说法是错误的？

A）域名解析需要借助于一组既独立又协作的域名服务器完成

B）域名服务器逻辑上构成一定的层次结构

C）域名解析总是从根域名服务器开始

D）域名解析包括递归解析和反复解析两种方式

（39）IP 数据报在穿越因特网过程中有可能被分片。在 IP 数据报分片以后，通常由以下哪种设备进行重组？

A）源主机　　　B）目的主机　　　C）转发路由器　　　D）转发交换机

（40）以下哪种软件不是 FTP 的客户端软件？

A）DNS　　　　B）IE　　　　　C）CuteFtp　　　　D）NetAnts

（41）以下关于 WWW 服务系统的描述中，哪一个是错误的？

A）WWW 服务系统采用客户/服务器工作模式

B）WWW 服务系统通过 URL 定位系统中的资源

C）WWW 服务系统使用的传输协议为 HTML

D）WWW 服务系统中资源以页面方式存储

（42）如果一个用户通过电话网将自己的主机接入因特网，以访问因特网上的 Web 站点，
那么用户不需要在这台主机上安装和配置

A）调制解调器　　　B）网卡　　　C）TCP/IP 协议　　　D）WWW 浏览器

（43）以下有关网络管理功能的描述中，哪个是错误的？

A）配置管理是掌握和控制网络的配置信息

B）故障管理是对网络中的故障进行定位

C）性能管理是监视和调整工作参数，改善网络性能

D）安全管理是使网络性能维持在较好水平

（44）下面哪些操作系统能够达到 C2 安全级别？

Ⅰ．Windows 3.x　　　　　　　Ⅱ．Apple System 7.x

Ⅲ．Windows NT　　　　　　　Ⅳ．NetWare 3.x

A）Ⅰ和Ⅲ　　　B）Ⅱ和Ⅲ　　　C）Ⅱ和Ⅳ　　　D）Ⅲ和Ⅳ

（45）下面哪种攻击方法属于被动攻击？

A）拒绝服务攻击　　　　　　　B）重放攻击

C）通信量分析攻击　　　　　　D）假冒攻击

（46）下面哪个（些）攻击属于非服务攻击？

Ⅰ．邮件炸弹攻击　　　　Ⅱ．源路由攻击　　　　Ⅲ．地址欺骗攻击

A）仅Ⅰ　　　B）Ⅰ和Ⅱ　　　C）Ⅱ和Ⅲ　　　D）Ⅰ和Ⅲ

（47）端到端加密方式是网络中进行数据加密的一种重要方式；其加密、解密在何处进行？

A）源结点、中间结点　　　　　B）中间结点、目的结点

C）中间结点、中间结点　　　　D）源结点、目的结点

（48）DES 是一种常用的对称加密算法，其一般的分组长度为

A）32 位　　　B）56 位　　　C）64 位　　　D）128 位

（49）下面哪个不是 RSA 密码体制的特点？

A）它的安全性基于大整数因子分解问题

B）它是一种公钥密码体制

C）它的加密速度比 DES 快

D）它常用于数字签名、认证

（50）以下哪个方法不能用于计算机病毒检测？

A）自身校验　　　　　　　　　B）加密可执行程序

C）关键字检测　　　　　　　　D）判断文件的长度

（51）以下关于防火墙技术的描述，哪个是错误的？

A）防火墙分为数据包过滤和应用网关两类

B）防火墙可以控制外部用户对内部系统的访问

C）防火墙可以阻止内部人员对外部的攻击

D）防火墙可以分析和统计网络使用情况

（52）下面关于 IPSec 的说法哪个是错误的？

    A）它是一套用于网络层安全的协议

    B）它可以提供数据源认证服务

    C）它可以提供流量保密服务

    D）它只能在 IPv4 环境下使用

（53）关于 SSL 和 SET 协议，以下哪种说法是正确的？

    A）SSL 和 SET 都能隔离订单信息和个人账户信息

    B）SSL 和 SET 都不能隔离订单信息和个人账户信息

    C）SSL 能隔离订单信息和个人账户信息，SET 不能

    D）SET 能隔离订单信息和个人账户信息，SSL 不能

（54）EDI 用户通常采用哪种平台完成数据交换？

    A）专用的 EDI 交换平台   B）通用的电子邮件交换平台

    C）专用的虚拟局域网交换平台   D）通用的电话交换平台

（55）关于电子商务系统结构中安全基础层的描述，以下哪种说法是错误的？

    A）安全基础层位于电子商务系统结构的最底层

    B）安全基础层用于保证数据传输的安全性

    C）安全基础层可以实现交易各方的身份认证

    D）安全基础层用于防止交易中抵赖的发生

（56）电子政务应用系统建设包括的三个层面是

    A）网络建设、信息收集、业务处理   B）信息收集、业务处理、决策支持

    C）业务处理、网络建设、决策支持   D）信息收集、决策支持、网络建设

（57）电子政务内网主要包括

    A）公众服务业务网、非涉密政府办公网和涉密政府办公网

    B）因特网、公众服务业务网和非涉密政府办公网

    C）因特网、公众服务业务网和涉密政府办公网

    D）因特网、非涉密政府办公网和涉密政府办公网

（58）下面哪个不是 ATM 技术的主要特征？

    A）信元传输   B）面向无连接   C）统计多路复用   D）服务质量保证

（59）以下关于 ADSL 技术的说法，哪个是错误的？

    A）ADSL 可以有不同的上下行传输速率

    B）ADSL 可以传送数据、视频等信息

    C）ADSL 信号可以与语音信号在同一对电话线上传输

    D）ADSL 可以为距离 10km 的用户提供 8Mbps 下行信道

（60）无线局域网通常由以下哪些设备组成？

    Ⅰ.无线网卡   Ⅱ.无线接入点 Ⅲ.以太网交换机   Ⅳ.计算机

    A）Ⅰ、Ⅱ和Ⅲ   B）Ⅱ、Ⅲ和Ⅳ C）Ⅰ、Ⅱ和Ⅳ   D）Ⅰ、Ⅲ和Ⅳ

二、填空题

    请将答案分别写在答题卡中序号为【1】至【20】的横线上，答在试卷上不得分。

（1）安腾是【1】位的芯片。

（2）符合电视质量的视频和音频压缩形式的国际标准是【2】。

（3）计算机网络利用通信线路将不同地理位置的多个【3】的计算机系统连接起来，以实现资源共享。

（4）计算机网络拓扑反映出网络中各实体之间的【4】关系。

（5）阿帕网属于【5】交换网。

（6）在 TCP/IP 协议中，传输层负责为【6】层提供服务。

（7）在网络中，为了将语音信号和数字、文字、图形、图像一同传输，必须利用【7】技术将语音信号数字化。

（8）IEEE 802.11b 定义了使用跳频扩频技术的无线局域网标准，它的最高传输速率可以达到【8】Mbps。

（9）早期的网络操作系统经历了由【9】结构向主从结构的过渡。

（10）下一代互联网的互联层使用的协议为 IPv【10】。

（11）一台主机的 IP 地址为 10.1.1.100，屏蔽码 255.0.0.0。现在用户需要配置该主机的默认路由。如果与该主机直接相连的惟一的路由器具有 2 个 IP 地址，一个为 10.2.1.100，屏蔽码为 255.0.0.0，另一个为 11.1.1.1，屏蔽码为 255.0.0.0，那么该主机的默认路由应该为【11】。

（12）利用 IIS 建立的 Web 站点的 4 级访问控制为 IP 地址限制、用户验证、【12】权限和 NTFS 权限。

（13）邮件服务器之间传送邮件通常使用【13】协议。

（14）在一般网络管理模型中，一个管理者可以和多个【14】进行信息交换，实现对网络的管理。

（15）SNMP 是最常用的计算机网络管理协议。SNMPv3 在 SNMPv2 基础上增加、完善了【15】和管理机制。

（16）数字签名最常用的实现方法建立在公钥密码体制和安全单向【16】函数基础之上。

（17）防止口令猜测的措施之一是严格地限制从一个终端进行连续不成功登录的【17】。

（18）电子商务应用系统包括 CA 系统、【18】系统、业务应用系统和用户终端系统。

（19）根据国家电子政务的有关规定，涉密网必须与非涉密网进行【19】隔离。

（20）蓝牙技术一般用于【20】米之内的手机、PC、手持终端等设备之间的无线连接。

2006 年 9 月三级网络技术笔试试卷答案和解析

一、选择题

（1）**【答案】**A **【解析】**微处理器已经进入双核核 64 位的时代，当前在芯片技术上领先的公司主要是 Intel 和 AMD 公司。AMD 公司是仅有的能在芯片技术上与 Intel 公司全面竞争的公司。HP 公司、SUN 公司和 IBM 公司主要是在计算机方面有很大成就，而不是芯片技术。正确答案为选项 A。

（2）**【答案】**C **【解析】**1991 年 6 月我国第一条与国际互联网连接的专线建成，它从中国科学院高能物理研究所接到美国斯坦福大学的直线加速器中心。而 1994 年我国才实现了 TCP/IP 协议的国际互联网的全功能连接，通过主干网接入因特网，选项 C 正确。

（3）**【答案】**A **【解析】**哈佛结构的重要特点是将指令与数据分开存取，这对于保持流水线的持续流动有重要意义，选项 A 说法错误，为本题正确答案。

（4）**【答案】**B **【解析】**局部总线标准中，Intel 公司制定的 PCI 标准有更多的优越性。它能容纳更先进的硬件设计，支持多处理、多媒体以及数据量很大的应用，同时使主板与芯片集的设计大大简化。采用 PCI 局部总线是奔腾芯片重要技术特点之一。选项 B 说法错误，PCI（Peripheral Component Interconnect）的含义是外围部件接口，而不是个人电脑接口，为本题正确答案。

（5）**【答案】**B **【解析】**按主板的规格分类，主要有 AT 主板、Baby-AT 主板、ATX 主板等。按芯片集分类，可以分为 TX 主板、LX 主板、BX 主板等。选项 B 说法错误，为本题正确答案。

（6）**【答案】**A **【解析】**微软公司的浏览软件是 Internet Explorer，选项 A 说法正确。桌面出版软件有微软公司的 Publisher 和 Lotus 公司的 PagerMaker 等，PowerPoint 是微软公司的投影演示软件，选项 B 说法错误。电子表格软件主要有微软公司的 Excel 和 Lotus 公司的 Lotus1-2-3 等，Access 是微软公司的数据库软件，选项 C 说法错误。WPS 2000 已经不是单纯的字处理软件，而是集成的办公系统软件，选项 D 说法错误。

（7）**【答案】**D **【解析】**计算机网络建立的主要目的是实现计算机资源的共享，联网计算机之间遵循共同的网络协议，而不要求使用统一的操作系统。比如安装 Windows 2000 Server 操作系统的计算机可以和安装 Windows XP 操作系统的计算机联网，也可以和安装 Linux、Unix、NetWare 操作系统的计算机联网。选项 D 说法错误，为本题正确答案。

（8）**【答案】**B **【解析】**传统的分组交换网 X.25 的协议是建立在原有的速率较低、误码率较高的电缆传输介质之上。随着通信技术的发展，产生了在数据传输速率高、误码率低的光线上，使用简单的协议进行传输的帧中继（Frame Relay，FR）技术。选项 B 正确。

（9）**【答案】**A **【解析】**拓扑结构设计是计算机网络设计的第一步，也是实现各种网络协议的基础，它对网络性能、系统可靠性和通信费用都有重大的影响。计算机网络拓扑结构主要是指通信子网的拓扑结构。选项 A 正确。

（10）【答案】A【解析】ISDN 集成声音和非声音的服务，以数字形式统一处理各种公用网的通信业务。ISDN 设计的目标是以数字形式统一处理各种公用网的通信业务，在不同的国家采用相同的标准。但由于 ISDN 的带宽有限，已经逐渐被淘汰。

（11）【答案】B【解析】城域网 MAN（Metropolitan Area Network）是介于广域网与局域网之间的一种高速网络。要满足几十公里范围内的大量企业、机关、公司的多个局域网互连的需求，以实现大量用户之间的数据、语音、图形与视频等多种信息的传输功能。城域网的主干网采用的传输介质主要是光纤。选项 B 正确。

（12）【答案】C【解析】数据传输速率在数值上等于每秒钟传输构成数据代码的二进制比特数，单位为比特/秒（bit/second），记作 bps。对于二进制数据，数据传输速率为：$S=1/T$（bps）。100Mbps=108bps，故传送 1bit 数据需要的时间是 10−8s。选项 C 正确。

（13）【答案】C【解析】误码率是指二进制码元在数据传输系统中被传错的概率，它在数值上近似等于：$Pe = Ne/N$，式中：N 为传输的二进制码元总数，Ne 为被传错的码元数。选项 C 正确。

（14）【答案】A【解析】T1 载波是一种可以处理 24 个声讯频道或是 1.544Mbps 的 T 型载波，原本由美国电话电报公司的贝尔实验室设计用来传输声音讯号，但是这种宽频（Broadband）的电话线也被运用在 Internet 上，许多企业将 T1 当成网络连接的媒介，传输速度非常快。选项 A 正确。

（15）【答案】C【解析】OSI 参考模型中并没有提供一个可以实现的方法，只是描述了一些概念，用来协调进程间通信标准的制定。OSI 参考模型并不是一个标准，只是一个在制定标准时所使用的概念性的框架。选项 C 说法错误，为本题正确答案。

（16）【答案】B【解析】地址解析协议 ARP/RARP 并不属于单独的一层，它介于物理地址与 IP 地址间，起着屏蔽物理地址细节的作用。一般认为 ARP 协议属于 TCP/IP 协议的互联层，选项 B 正确。

（17）【答案】D【解析】IEEE 802.1 标准，它包括了局域网体系结构、网络互联，以及网络管理与性能测试。选项 D 正确。

（18）【答案】A【解析】IEEE 802.3z 标准在物理层作了一些必要的调整，它定义了新的物理层标准（1000 BASE-T）。1000 BASE-T 标准定义了千兆介质专用接口（Gigabit Media Independent Interface，GMII），它将 MAC 子层与物理层分隔开来。这样，物理层在实现 1000Mbps 速率时所使用的传输介质和信号编码方式的变化不会影响 MAC 子层。选项 A 正确。

（19）【答案】C【解析】Ethernet 交换机实际是一个基于网桥技术的多端口第二层网络设备，它为数据帧从一个端口到另一个任意端口的转发提供了低时延、低开销的通路。选项 C 正确。

（20）【答案】B【解析】交换机根据帧转发方式的不同可以分为：直接交换式、存储转发交换式和改进直接交换式三类。其中，交换机只要接收并检测到目的地址字段后就立即将该帧转发出去，而不管这一帧数据是否出错，称为直接交换（Cut Through）。优点是交换延迟时间短，缺点是没有差错检测能力。选项 B 正确。

（21）【答案】D【解析】10BASE-T 是 1990 年补充的另一个物理层标准。10BASE-T 采用以集线器（HUB）为中心的物理星型拓扑构型，使用标准的 RJ-45 接插件与 3 类或

5 类非屏蔽双绞线 UTP 来连接网卡与 HUB。网卡与 HUB 之间的双绞线长度最大为 100m。由此可知，将 4 个 HUB 连接起来，相隔最远的计算机之间的最大距离为 500 米。

(22)【答案】C【解析】域名解析必然会用到的是 IP 地址，而不是 MAC 地址，选项 C 说法错误，为本题正确答案。

(23)【答案】B【解析】典型的 MAC 地址长度为 48 位（6 个字节），允许分配的 MAC 地址应该有 247 个，这个物理地址的数量可以保证全球所有可能的 Ethernet 物理地址的需求。一般使用十六进制表示，每个字节通过连接符隔开，选项 B 正确。

(24)【答案】B【解析】在 Ethernet 中，如果一个结点要发送数据，它将以"广播"方式把数据通过作为公共传输介质的总线发送出去，连在总线上的所有结点都能"收听"到发送结点发送的数据信号。选项 B 正确。

(25)【答案】D【解析】虚拟网络是建立在局域网交换机或 ATM 交换机之上的，以软件方式来实现逻辑工作组的划分与管理，逻辑工作组的结点组成不受物理位置的限制。同一逻辑工作组的成员不一定要连接在同一个物理网段上，它们可以连接在同一个局域网交换机上，也可以连接在不同的局域网交换机上，只要这些交换机是互连的。选项 D 说法错误，为本题正确答案。

(26)【答案】A【解析】DOS 是单用户、单任务的操作系统，并不是图形界面操作系统，而是基于字符的用户界面，选项 A 说法错误，为本题正确答案。

(27)【答案】D【解析】网络操作系统是使联网计算机能够方便而有效地共享网络资源，为网络用户提供所需的各种服务的软件与协议的集合。其基本任务就是：屏蔽本地资源与网络资源的差异性，为用户提供各种基本网络服务功能，完成网络共享系统资源的管理，并提供网络系统的安全性服务。但是客户和服务器的软件不可以互换，选项 D 说法错误，为本题正确答案。

(28)【答案】D【解析】活动目录服务是 Windows 2000 Server 最重要的新功能之一，它可将网络中各种对象组织起来进行管理，方便了网络对象的查找，加强了网络的安全性，并有利于用户对网络的管理，选项 A 说法正确。域仍然是 Windows 2000 Server 的基本管理单位，选项 B 正确。在 Windows 2000 网络中，所有的域控制器之间都是平等的关系，不再区分主域控制器与备份域控制器，这主要是因为 Windows 2000 Server 采用了活动目录服务，选项 C 说法正确。Windows 2000 Datacenter Server 是运行在服务器端的操作系统，与数字家庭没有关系，选项 D 说法错误，为本题正确答案。

(29)【答案】B【解析】NetWare 操作系统具有强大的文件和打印服务功能，在一个 NetWare 网络中，必须有一个或一个以上的文件服务器，选项 A 说法正确。NetWare 具有良好的兼容性和系统容错能力，完备的安全措施，选项 C 和 D 说法正确。NetWare 支持 TCP/IP 协议，具有强大的网络功能，选项 B 说法错误，为本题正确答案。

(30)【答案】D【解析】Linux 不但支持 Intel 平台，同时还支持 Alpha 和 Sparc 等平台，选项 D 说法错误，为本题正确答案。

(31)【答案】B【解析】Unix 系统的大部分是用 C 语言编写的，这使得系统易读、易修改、易移植。选项 B 说法错误，为本题正确答案。

(32)【答案】D【解析】对于通信线路的传输能力通常用"数据传输速率"来描述。另一种更为形象地描述通信线路传输能力的术语是"带宽"，带宽越宽，传输速率也就越高，传输速度也就越快。选项 D 正确。

(33)【答案】B【解析】IP 作为一种互联网协议，运行于互联层，屏蔽各个物理网络的细节和差异。它不对所连接的物理网络作任何可靠性假设，使网络向上提供统一的服务。选项 B 说法正确。

(34)【答案】A【解析】有一部分 IP 地址是不分配给特定因特网用户的，用户可以在本地的内部互联网中使用这些 IP 地址，比如 10.xxx.xxx.xxx 和 192.168.xxx.xxx。选项 A 属于其中之一，为本题正确答案。这些地址要与因特网相连，必须将这些 IP 地址转换为可以在因特网中使用的 IP 地址。

(35)【答案】C【解析】服务类型域规定对本数据报的处理方式。例如，发送端可以利用该域要求中途转发该数据报的路由器使用低延迟、高吞吐率或高可靠性的线路发送。选项 C 说法错误，为本题正确答案。

(36)【答案】D【解析】静态路由表由手工建立，一旦形成，到达某一目的网络的路由便固定下来，选项 A 说法正确。静态路由可以在子网编址的互联网中使用，选项 B 说法正确。静态路由不能自动适应互联网结构的变化，选项 C 说法正确。静态路由简单直观，在网络结构不太复杂的情况下，使用静态路由表是一种很好的选择。实际上，因特网的很多互联都使用静态路由，选项 D 说法错误，为本题正确答案。

(37)【答案】A【解析】路由器是工作在网络层的设备，必须实现网络层协议。IP 协议为网络层协议，选项 A 正确。HTTP 和 FTP 都是应用层协议，路由器不必实现。

(38)【答案】C【解析】在因特网中，对应于域名结构，名字服务器也构成一定的层次结构，这个树型的域名服务器的逻辑结构是域名解析算法赖以实现的基础。域名解析需要借助于一组既独立又协作的域名服务器完成。域名分析有两种方式，递归分析（要求名字服务器系统一次性完成全部名字—地址变换）和反复分析（每次请求一个服务器，不行再请求别的服务器）。域名解析总是从本地域名服务器开始的，而不是从根域名服务器开始，选项 C 说法错误，为本题正确答案。

(39)【答案】B【解析】由于利用 IP 进行互联的各个物理网络所能处理的最大报文长度有可能不同，所以 IP 报文在传输和投递的过程中有可能被分片。IP 数据报使用标识、标志和片偏移三个域对分片进行控制，分片后的报文将在目的主机进行重组。由于分片后的报文独立地选择路径传送，因此报文在投递途中将不会（也不可能）重组。选项 B 正确。

(40)【答案】A【解析】因特网用户使用的 FTP 客户端应用程序通常有 3 种类型，即传统的 FTP 命令行、浏览器和 FTP 下载工具。本题选项 C 和 D 都是属于 FTP 下载工具，而选项 A 是域名系统，不属于 FTP 客户端工具。

(41)【答案】C【解析】WWW 服务系统使用的传输协议为 HTTP，HTML（HyperText Markup Language）是超文本标记语言，不属于协议，选项 C 说法错误，为本题正确答案。

(42)【答案】B【解析】如果用户通过电话线将自己的主机接入因特网，主机上不需要安装网卡，选项 B 为本题正确答案。

(43)【答案】D【解析】配置管理的目标是掌握和控制网络的配置信息，从而保证网络管理员可以跟踪、管理网络中各种设备的运行状态，选项 A 说法正确。故障管理是对计算机网络中的问题或故障进行定位的过程，选项 B 说法正确。性能管理的目标是衡量和呈现网络特性的各个方面，使网络的性能维持在一个可以接受的水平上，选项 C 说法正确。安全管理的目标是按照一定的策略控制对网络资源的访问，保证重要的信息不被未授权的用户访问，并防止网络遭到恶意或是无意的攻击。选项 D 说法错误，为本题正确答案。

（44）【答案】D【解析】D1 是计算机安全的最低一级。整个计算机系统是不可信任的，硬件和操作系统很容易被侵袭。D1 级的计算机系统有 DOS、Windows 3.x 及 Windows 95/98、Apple 的 System7.x 等。达到 C2 级的常见操作系统有：Unix 系统、XENIX、Novell 3.x 或更高版本以及 Windows NT。选项 D 正确。

（45）【答案】C【解析】被动攻击的特点是偷听或监视传送，其目的是获得正在传送的信息。被动攻击有泄漏信息内存和通信量分析等。被动攻击有：泄漏信息内容和通信量分析等。选项 C 正确。其他选项都属于主动攻击。'

（46）【答案】C【解析】非服务攻击（Application Independent Attack）不针对某项具体应用服务，而是基于网络层等低层协议而进行的。与服务攻击相比，非服务攻击与特定服务无关，往往利用协议或操作系统实现协议时的漏洞来达到攻击的目的，更为隐蔽，而且目前也是常常被忽略的方面，因而被认为是一种更为有效的攻击手段。源路由攻击和地址欺骗都属于这一类，选项 C 正确。

（47）【答案】D【解析】在端到端加密方式中，由发送方加密的数据在没有到达最终目的结点之前是不被解密的。加密、解密只在源、目的结点进行。选项 D 正确。

（48）【答案】C【解析】数据加密标准 DES（Data Encryption Standard）的密钥长度为 56 位，分组长度为 64 位。选项 C 正确。

（49）【答案】C【解析】RSA 是一种公钥密码体制，RSA 算法的安全性建立在难以对大数提取因子的基础上，常用于数字签名、认证等，选项 A、B 和 D 说法正确。与 DES 相比，RSA 的缺点是加密和解密的速度太慢，选项 C 说法错误，为本题正确答案。

（50）【答案】B【解析】检测病毒技术主要是通过对计算机病毒的特征进行判断的技术，如自身校验、关键字检测、判断文件长度的变化等。加密可执行程序可以防止他人窃取文件内容，但是不能检测病毒，选项 B 为本题正确答案。

（51）【答案】C【解析】通常防火墙是指设置在不同网络（如可信任的企业内部网和不可信的公共网）或网络安全域之间的一系列部件的组合。防火墙也有自身的限制，这些缺陷包括：防火墙无法阻止绕过防火墙的攻击、防火墙无法阻止来自内部的威胁和防火墙无法防止病毒感染程序或文件的传输。可见选项 C 说法错误，为本题正确答案。

（52）【答案】D【解析】IPSec 协议不是一个单独的协议，它给出了应用于 IP 层上网络数据安全的一整套体系结构，包括网络认证协议（Authentication Header，AH）、封装安全载荷协议（Encapsulating Security Payload，ESP）、密钥管理协议（Internet Key Exchange，IKE）和用于网络认证及加密的一些算法等。提供了数据源认证服务、流量保密服务等，不仅能在 IPv4 环境下使用，也能在 IPv6 环境下使用，选项 D 说法错误，为本题正确答案。

（53）【答案】D【解析】安全电子交易（Secure Electronic Transaction，SET）是由 VISA 和 MASTCARD 所开发的开放式支付规范，是为了保证信用卡在公共因特网上支付的安全而设立的，能够实现订单信息和个人账号信息隔离。SSL 协议（Secure Socket

Layer，安全套接层）是一种安全通信协议，它能够对信用卡和个人信息提供较强的保护。SSL 是对计算机之间整个会话进行加密的协议，主要适用于点对点之间的信息传输，不能隔离订单信息和个人信息的隔离。选项 D 说法正确。

（54）【答案】A【解析】电子数据交换 EDI（Electronic Data Interchange）是按照协议对具有一定结构特征的标准信息，按照协议将标准化文件通过计算机网络传送。目前 EDI 用户通常都是采用专用的 EDI 交换平台，选项 A 正确。

（55）【答案】A【解析】网络基础层位于电子商务系统结构的最底层，电子商务安全基础结构层建立在网络基础层之上，包括 CA（Certificate Authority）安全认证体系和基本的安全技术。选项 A 说法错误，为本题正确答案。

（56）【答案】B【解析】电子政务应用系统的建设包括信息收集、业务的处理和决策支持 3 个层面的内容。选项 B 正确。

（57）【答案】A【解析】电子政务的网络基础设施中的公众服务业务网、非涉密政府办公网和涉密政府办公网 3 部分又称为政务内网，所有的网络系统以统一的安全电子政务平台为核心，共同组成一个有机的整体。选项 A 正确。

（58）【答案】B【解析】ATM 技术的重要特征有：信元传输、面向连接、统计多路复用和服务质量。选项 B 不是 ATM 技术的特征，为本题正确答案。

（59）【答案】D【解析】ADSL 可以为 5.5km 内的用户提供 8Mbps 下行信道，超过这个具体，传输速度将达不到 8Mbps，选项 D 说法错误。

（60）【答案】C【解析】无线局域网以微波、激光、红外线等无线电波来部分或全部代替有线局域网中的同轴电缆、双绞线、光纤，实现了移动计算网络中移动结点的物理层与数据链路层功能，构成无线局域网，为移动计算网络提供物理网接口。无线局域网不再使用以太网交换机，选项 C 正确。

二、填空题

（1）【答案】【1】64【解析】奔腾是 32 位芯片，用于服务器的安腾芯片是 64 位。

（2）【答案】【2】MPEG【解析】能产生一个电视质量的视频和音频压缩形式的国际标准是 MPEG 标准。MPEG 标准是用狭窄的频带实现高质量的图像画面和高保真的声音传送。

（3）【答案】【3】独立 或 自治【解析】计算机网络利用通信线路将分布在不同地理位置的多台独立的"自治计算机"（autonomous computer），它们之间可以没有明确的主从关系。

（4）【答案】【4】结构【解析】计算机网络拓扑是通过网中结点与通信线路之间的几何关系表示网络结构，反映出网络中各实体间的结构关系。

（5）【答案】【5】分组 或 包【解析】阿帕网属于分组交换网，也称为包交换网。最初的 ARPANET 的主要研究内容是分组交换设备、网络通信协议、网络通信与系统操作软件。对 ARPANET 发展有重要意义的是它利用了无线分组交换网与卫星通信网。

（6）【答案】【6】应用【解析】TCP/IP 参考模型可以分为 4 层：应用层、传输层、互联层、主机－网络层。传输层是负责应用进程之间的端对端通信，为应用层提供服务。

（7）【答案】【7】PCM 或 脉冲编码调制【解析】脉码调制（Pulse Code Modulation）是一种对模拟信号数字化的取样技术，将模拟语音信号变换为数字信号的编码方式，特别是对于音频信号。PCM 对信号每秒钟取样 8000 次；每次取样为 8 个位，总共 64 kbps。

（8）【答案】【8】11【解析】802.11b 定义了使用跳频扩频技术，传输速率为 1、2、5.5 与 11Mbps 的无线局域网标准。可见最高传输速率可以达到 11Mbps。

（9）【答案】【9】对等 或 P2P 或 peer-to-peer【解析】网络操作系统的发展是从对等结构向非对等结构演变的过程，非对等结构网络操作系统软件分为主从的两部分。

（10）【答案】【10】6【解析】下一代互联网的互连层使用协议 IPv6，当前使用 IPv4。

（11）【答案】【11】10.2.1.100【解析】题目所给主机的 IP 地址为 10.1.1.100，屏蔽码为 255.0.0.0，网络地址为 10.0.0.0。路由器两个 IP 地址有一个属于该网络，另一个不属于。因此该主机的默认路由应该是 10.2.1.100。

（12）【答案】【12】Web 或 Web 验证【解析】如果 Web 站点使用微软公司的 IIS 来建设，在 Web 站点的内容位于 NTFS 分区时，则有四种方法可以限制用户访问 Web 站点中的资源：IP 地址限制、用户验证、Web 权限和 NTFS 权限。

（13）【答案】【13】简单邮件传输 或 SMTP【解析】电子邮件应用程序在向邮件服务器传送邮件时使用简单邮件传输协议（Simple Mail Transfer Protocol，SMTP）。不管是客户端向邮件服务器发送邮件，还是邮件服务器之间传递邮件都是采用 SMTP 协议进行。

（14）【答案】【14】代理 或 agent【解析】在网络管理中，一般采用管理者—代理的管理模型。管理者从各代理处收集信息，进行处理，获取有价值的管理信息，达到管理目的。一个管理者可以和多个代理进行信息交换，实现对网络的管理。

（15）【答案】【15】安全 或 网络安全【解析】SNMP v3 在 SNMP v2 基础上增加、完善了安全和管理机制。SNMPv3 体系结构体现了模块化的设计思想，使管理者可以简单地实现增加和修改。主要特点是适应性强，可适用于多种操作环境。

（16）【答案】【16】散列 或 哈希 或 Hash【解析】数字签名（digital signature）与手写签名类似，只不过手写签名是模拟的，因人而异。数字签名是 0 和 1 的数字串，因消息而异。数字签名最常用的实现方法建立在公钥密码体制和安全单向散列函数基础上。

（17）【答案】【17】次数【解析】防止口令猜测的措施有：严格限定从一个给定的终端进行非法认证的次数；把具体的实时延迟插入到口令验证过程中，以阻止一个计算机自动口令猜测程序的生产率；防止用户使用太短的口令或弱口令；防止选取口令；取消机器的预设口令；使用机器产生的口令而不是用户选择的口令。

（18）【答案】【18】支付网关【解析】电子商务系统由各个子系统构成，其中有些子系统（如 CA 安全认证系统、支付网关系统）在电子商务系统中是必不可少的，没有这些子系统就不能成为完整的电子商务系统。

（19）【答案】【19】物理【解析】涉密政务办公网络是政府内部的办公网络系统。由于其中运行有涉密的信息，因此，根据国家保密局的有关要求，必须将其与非涉密网络进行物理隔离。

（20）【答案】【20】10【解析】蓝牙技术是一种支持设备短距离通信的无线电技术，一般能在 10m 之内对包括移动电话、PDA、无线耳机、笔记本电脑等众多设备之间进行无线信息交换。蓝牙的标准是 IEEE 802.15，工作在 2.4GHz 频带，带宽为 1Mbps。

2007 年 4 月三级网络技术笔试试卷

(考试时间 120 分钟，满分 100 分)

一、选择题

下列各题 A)、B)、C)、D) 四个选项中，只有一个选项是正确的。**请将正确选项涂写在答题卡相应位置上，答在试卷上不得分。**

(1) 在我国信息化过程中，国内自己的网络产品提供商主要是

    A) 思科公司   B) 惠普公司   C) 华为公司   D) 赛门铁克公司

(2) 以下关于编程语言的描述中，正确的是

    A) 汇编语言是符号化的机器语言，机器可以直接执行

    B) 为了完成编译任务，编译程序要对源程序进行扫描

    C) 解释程序比较简单，所以解释型程序执行速度很快

    D) 编译程序非常复杂，所以编译出的程序执行速度很慢

(3) 以下关于主板的描述中，正确的是

    A) 按 CPU 插座分类有 Slot 主板、Socket 主板

    B) 按主板的规格分类有 TX 主板、LX 主板

    C) 按数据端口分类有 PCI 主板、USB 主板

    D) 按扩展槽分类有 SCSI 主板、EDO 主板

(4) 以下关于局部总线的描述中，正确的是

    A) VESA 的含义是外围部件接口   B) PCI 的含义是个人电脑接口

    C) VESA 比 PCI 有明显的优势   D) PCI 比 VESA 有明显的优势

(5) 以下关于奔腾处理器体系结构的描述中，正确的是

    A) 哈佛结构是把指令和数据分别进行存储

    B) 超流水线技术的特点是设置多条流水线同时执行多个处理

    C) 超标量技术的特点是提高主频、细化流水

    D) 奔腾不支持多重处理，安腾支持多重处理

(6) 以下关于应用软件的描述中，正确的是

    A) Access 是电子表格软件   B) PowerPoint 是桌面出版软件

    C) Internet Explorer 是浏览软件   D) Excel 是数据库软件

(7) 以下关于城域网特征的描述中，错误的是

    A) 城域网是介于广域网与局域网之间的一种高速网络

    B) 城域网可满足几十公里范围内多个局域网互联的需求

    C) 城域网可实现大量用户之间的数据、语音、图形与视频等多种信息的传输

    D) 早期的城域网主要采用 X.25 标准

(8) 计算机网络拓扑构型主要是指

    A) 资源子网的拓扑构型   B) 通信子网的拓扑构型

    C) 通信线路的拓扑构型   D) 主机的拓扑构型

(9) 采用广播信道通信子网的基本拓扑构型主要有：总线型、树型与

A）层次型　　　　B）网格型　　　　C）环型　　　　　　D）网状

（10）以下关于误码率的讨论中，错误的是

A）误码率是衡量数据传输系统非正常工作状态下传输可靠性的参数

B）在数据传输速率确定后，误码率越低，传输系统设备越复杂

C）实际的数据传输系统，如果传输的不是二进制码元，计算时要折合成二进制码元

D）被测量的传输二进制码元数越大，误码率越接近于真实值

（11）传输速率为 10Gbps 的局域网每一秒钟可以发送的比特数为

A）1×10^6　　　　B）1×10^8　　　　C）1×10^{10}　　　　D）1×10^{12}

（12）以下关于网络协议的描述中，错误的是

A）为保证网络中结点之间有条不紊地交换数据，需要制订一套网络协议

B）网络协议的语义规定了用户数据与控制信息的结构和格式

C）层次结构是网络协议最有效的组织方式

D）OSI 参考模型将网络协议划分为 7 个层次

（13）物理层的主要功能是利用物理传输介质为数据链路层提供物理连接，以便透明地传送

A）比特流　　　　B）帧序列　　　　C）分组序列　　　　D）包序列

（14）以下哪个功能不是数据链路层需要实现的？

A）差错控制　　　　B）流量控制　　　　C）路由选择　　　　D）组帧和拆帧

（15）传输层向用户提供

A）点到点服务　　　B）端到端服务　　　C）网络到网络服务　　　D）子网到子网服务

（16）以下关于 TCP 协议特点的描述中，错误的是

A）TCP 协议是一种可靠的面向连接的协议

B）TCP 协议可以将源主机的字节流无差错的传送到目的主机

C）TCP 协议将网络层的字节流分成多个字节段

D）TCP 协议具有流量控制功能

（17）用户采用以下哪种方式划分和管理虚拟局域网的逻辑工作组？

A）硬件方式　　　　B）软件方式　　　　C）存储转发方式　　　D）改变接口连接方式

（18）以下哪个选项是正确的 Ethernet MAC 地址？

A）00-01-AA-08　　　　　　　　　B）00-01-AA-08-0D-80

C）1203　　　　　　　　　　　　D）192.2.0.1

（19）如果 Ethernet 交换机一个端口的数据传输速率是 100Mbps，该端口支持全双工通信，那么这个端口的实际数据传输速率可以达到

A）50Mbps　　　　B）100Mbps　　　　C）200Mbps　　　　D）400Mbps

（20）典型的 Ethernet 交换机端口支持 10Mbps 与 100Mbps 两种速率，它采用的是

A）并发连接技术　　　　　　　　　B）速率变换技术

C）自动侦测技术　　　　　　　　　D）轮询控制技术

（21）当 Ethernet 交换机采用改进的直接交换方式时，它接收到帧的前多少字节后开始转发？

A）32 字节　　　　B）48 字节　　　　C）64 字节　　　　D）128 字节

（22）局域网交换机首先完整地接收一个数据帧，然后根据校验结果确定是否转发，这种

交换方法叫做

    A）直接交换   B）存储转发交换

    C）改进的直接交换   D）查询交换

（23）CSMA/CD 处理冲突的方法为

    A）随机延迟后重发   B）固定延迟后重发

    C）等待用户命令后重发   D）多帧合并后重发

（24）以下关于 10Gbps Ethernet 特征的描述中，错误的是

    A）与 10Mbps Ethernet 的帧格式基本相同

    B）符合 802.3 标准对最小帧长度的规定

    C）传输介质主要使用光纤

    D）同时支持全双工方式与半双工方式

（25）以下关于无线局域网标准的描述中，错误的是

    A）802.11 协议的 MAC 层分为 DCF 子层与 PCF 子层

    B）802.11 规定的数据传输速率为 1 或 2Mbps

    C）802.11b 规定的数据传输速率为 1、2、5.5 或 11Mbps

    D）802.11a 规定的数据转输速率为 100Mbps

（26）以下关于 I/O 系统的描述中，正确的是

    A）文件 I/O 为应用程序提供所需的内存空间

    B）设备 I/O 通过 VFAT 虚拟文件表寻找磁盘文件

    C）文件 I/O 通过限制地址空间避免冲突

    D）设备 I/O 负责与键盘、鼠标、串口、打印机对话

（27）以下关于网络操作系统的基本功能描述中，正确的是

    A）文件服务器以集中方式管理共享文件，不限制用户权限

    B）打印服务通常采用排队策略安排打印任务

    C）通信服务提供用户与服务器的联系，而不保证用户间的通信

    D）客户端和服务器端软件没有区别，可以互换

（28）以下关于 Windows NT 服务器的描述中，正确的是

    A）服务器软件以域为单位实现对网络资源的集中管理

    B）域是基本的管理单位，可以有两个以上的主域控制器

    C）服务器软件内部采用 16 位扩展结构，使内存空间达 4GB

    D）系统支持 NetBIOS 而不支持 NetBEUI

（29）以下关于 NetWare 的描述中，正确的是

    A）文件和打印服务功能比较一般   B）它是著名的开源操作系统

    C）具有良好的兼容性和系统容错能力   D）产品推出比较晚

（30）以下关于 Unix 操作系统的描述中，正确的是

    A）Unix 是一个单用户、多任务的操作系统，用户可运行多个进程

    B）Unix 由汇编语言编写，易读、易移植、运行速度快

    C）Unix 提供的 Shell 编程语言功能不够强大

    D）Unix 的树结构文件系统有良好的可维护性

（31）以下关于 Linux 操作系统的描述中，正确的是

    A）Linux 是由荷兰的大学生 Linus B.Torvalds 开发的免费网络操作系统

    B）Linux 已用于互联网的多种 Web 服务器、应用服务器

    C）Linux 具有虚拟内存能力，不必利用硬盘扩充内存

    D）Linux 支持 Intel 硬件平台，而不支持 Sparc、Power 平台

（32）以下关于因特网的描述中，错误的是

    A）因特网是一个信息资源网   B）因特网是一个 TCP/IP 互联网

    C）因特网中包含大量的路由器   D）因特网用户需要了解内部的互联结构

（33）因特网中的主机可以分为服务器和客户机，其中

    A）服务器是服务和信息资源的提供者，客户机是服务和信息资源的使用者

    B）服务器是服务和信息资源的使用者，客户机是服务和信息资源的提供者

    C）服务器和客户机都是服务和信息资源的提供者

    D）服务器和客户机都是服务和信息资源的使用者

（34）TCP/IP 协议集没有规定的内容是

    A）主机的寻址方式   B）主机的操作系统

    C）主机的命名机制   D）信息的传输规则

（35）以下哪个选项不是 IP 服务的特点？

    A）不可靠   B）面向无连接   C）QoS 保证   D）尽最大努力

（36）一台 IP 地址为 202.93.120.44 的主机需要发送一个有限广播包，它在 IP 数据报中应该使用的目的 IP 地址为

    A）255.255.255.255   B）202.93.120.0

    C）255.255.255.0   D）202.93.120.255

（37）以下关于 IP 数据报头有关域的描述中，错误的是

    A）报头长度域是以 32 位的双字为计量单位的

    B）生存周期域用于防止数据报在因特网中无休止的传递

    C）头部校验和域用于保证整个 IP 数据报的完整性

    D）选项域主要用于控制和测试两大目的

（38）一台路由器的路由表如下所示：

要达到的网络	下一路由器
10.0.0.0	20.5.3.25
11.0.0.0	26.8.3.7
193.168.1.0	22.3.8.58
194.168.1.0	25.26.3.21

    当路由器接收到源 IP 地址为 10.0.1.25，目的 IP 地址为 192.168.1.36 的数据报时，它对该数据报的处理方式为

    A）投递到 20.5.3.25   B）投递到 22.3.8.58

    C）投递到 192.168.1.0   D）丢弃

（39）以下关于 TCP 和 UDP 协议的描述中，正确的是

A）TCP 是端到端的协议，UDP 是点到点的协议

B）TCP 是点到点的协议，UDP 是端到端的协议

C）TCP 和 UDP 都是端到端的协议

D）TCP 和 UDP 都是点到点的协议

（40）对于域名为 www.hicom.cn 的主机，下面哪种说法是正确的？

    A）它一定支持 FTP 服务   B）它一定支持 WWW 服务

    C）它一定支持 DNS 服务   D）以上说法都是错误的

（41）以下哪种服务使用 POP3 协议？

    A）FTP   B）E-mail   C）WWW   D）Telnet

（42）为了防止 Web 服务器与浏览器之间的通信内容被窃听，可以采用的技术为

    A）身份认证   B）NTFS 分区   C）SSL   D）FAT32 分区

（43）以下对网络安全管理的描述中，正确的是

    A）安全管理不需要对重要网络资源的访问进行监视

    B）安全管理不需要验证用户的访问权限和优先级

    C）安全管理的操作依赖于设备的类型

    D）安全管理的目标是保证重要的信息不被未授权的用户访问

（44）SNMP 协议可以使用多种下层协议传输消息，下面哪种不是 SNMP 可以使用的下层协议？

    A）UDP   B）IPX   C）HTTP   D）IP

（45）计算机系统处理敏感信息需要的最低安全级别是

    A）D1   B）C1   C）C2   D）B1

（46）下面哪些攻击属于服务攻击？

    Ⅰ. 邮件炸弹攻击   Ⅱ. 源路由攻击   Ⅲ. 地址欺骗攻击 Ⅳ. DOS 攻击

    A）Ⅰ和Ⅱ   B）Ⅱ和Ⅲ   C）Ⅱ和Ⅳ   D）Ⅰ和Ⅳ

（47）以下哪种是可逆的加密算法？

    A）S/Key   B）IDEA   C）MD5   D）SHA

（48）DES 是一种常用的对称加密算法，一般的密钥长度为

    A）32 位   B）56 位   C）64 位   D）128 位

（49）以下关于公钥密码体制的描述中，错误的是

    A）加密和解密使用不同的密钥   B）公钥不需要保密

    C）一定比常规加密更安全   D）常用于数字签名、认证等方面

（50）以下关于公钥分发的描述中，错误的是

    A）分发公钥不需要保密

    B）分发公钥一般需要可信任的第三方

    C）数字证书技术是分发公钥的常用技术

    D）公钥的分发比较简单

（51）以下关于数字签名的描述中，错误的是

    A）数字签名可以利用公钥密码体制实现

    B）数字签名可以保证消息内容的机密性

　　　　C）常用的公钥数字签名算法有 RSA 和 DSS

　　　　D）数字签名可以确认消息的完整性

（52）以下关于防火墙技术的描述中，错误的是

　　　　A）可以对进出内部网络的分组进行过滤

　　　　B）可以布置在企业内部网和因特网之间

　　　　C）可以查、杀各种病毒

　　　　D）可以对用户使用的服务进行控制

（53）以下关于电子商务的描述中，正确的是

　　　　A）电子商务就是为买卖电子产品而设计的

　　　　B）电子商务就是使用信用卡进行资金支付

　　　　C）电子商务就是利用因特网进行广告宣传

　　　　D）电子商务是在公用网及专用网上进行的商务活动

（54）有一种电子支付方式非常适合于小额资金的支付，并且具有使用灵活、匿名、使用时无需与银行直接连接等特点。这种支付方式是

　　　　A）电子现金　　　　B）电子借记卡　　C）电子支票　　　　　D）电子信用卡

（55）以下关于 SET 协议的描述中，错误的是

　　　　A）可以保证信息在因特网上传输的安全性

　　　　B）可以让商家了解客户的所有帐户信息

　　　　C）可以使商家和客户相互认证

　　　　D）需要与认证中心进行交互

（56）以下关于电子政务的描述中，错误的是

　　　　A）电子政务可以实现政府组织结构和工作流程的重组和优化

　　　　B）电子政务可以提高政府部门的依法行政水平

　　　　C）电子政务系统是一个政府部门内部的办公自动化系统

　　　　D）电子政务系统的实现是以信息技术为基础的

（57）一站式电子政务应用系统的实现流程为身份认证、服务请求和

　　　　A）基础设施建设　　　　　　　　B）网络安全设计

　　　　C）服务调度与处理　　　　　　　D）统一的信任与授权

（58）以下关于 ATM 技术的描述中，错误的是

　　　　A）采用信元传输　　　　　　　　B）提供数据的差错恢复

　　　　C）采用统计多路复用　　　　　　D）提供服务质量保证

（59）以下关于 HDSL 技术的描述中，错误的是

　　　　A）HDSL 传输上下行速率不同

　　　　B）HDSL 可以传送数据、视频等信息

　　　　C）HDSL 使用 2 对电话线

　　　　D）HDSL 可以为距离 5km 的用户提供 2Mbps 信道

（60）IEEE 802.11 标准使用的频点是

　　　　A）900MHz　　　　B）1800MHz　　　C）2.4GHz　　　　D）5.8GHz

二、填空题

请将每一个空的正确答案写在答题卡【1】～【20】序号的横线上，答在试卷上不得分。

（1）平均无故障时间的英文缩写是【1】。

（2）软件开发的初期包括【2】、总体设计、详细设计 3 个阶段。

（3）在计算机网络中，网络协议与 【3】 模型的集合称为网络体系结构。

（4）为了将语音信号与计算机产生的数字、文字、图形与图像信号同时传输，需要采用【4】技术，将模拟的语音信号变成数字的语音信号。

（5）在 TCP/IP 协议集中，传输层的【5】协议是一种面向无连接的协议，它不能提供可靠的数据包传输，没有差错检测功能。

（6）无线局域网使用扩频的两种方法是直接序列扩频与【6】扩频。

（7）适用于非屏蔽双绞线的以太网卡应提供【7】标准接口。

（8）结构化布线系统采用的传输介质主要是双绞线和【8】。

（9）Solaris 网络操作系统主要运行在 RISC 结构的工作站和【9】上。

（10）Windows 网络操作系统版本不断变化，但有两个概念一直使用，它们是域模型和【10】模型。

（11）IP 协议的主要功能是屏蔽各个物理网络的细节和【11】。

（12）一个用二进制表示的 IP 地址为 11001011 01011110 00000010 00000001，那么它的点分十进制表示为【12】。

（13）在因特网中，域名解析通常借助于一组既独立又协作的【13】完成。

（14）网络管理的一个重要功能是性能管理，性能管理包括【14】和调整两大功能。

（15）网络安全的基本目标是保证信息的机密性、可用性、合法性和【15】。

（16）有一类攻击可以确定通信的位置和通信主机的身份，还可以观察交换信息的频度和长度。这类攻击称为【16】。

（17）对称加密机制的安全性取决于【17】的保密性。

（18）电子商务的体系结构可以分为网络基础平台、安全结构、支付体系和【18】系统 4 个层次。

（19）公众服务业务网、涉密政府办公网和非涉密政府办公网被称为政务【19】。

（20）ATM 协议可分为 ATM 适配层、ATM 层和物理层。其中 ATM 层的功能类似于 OSI 参考模型的【20】层功能。

2007 年 4 月三级网络技术笔试试卷答案和解析

一、选择题

(1) 　【答案】C【解析】思科公司于 1984 年 12 月在美国成立，是全球网络和通信领域公认的领先厂商，是建立网络的中坚力量，选项 A 错误。惠普公司于 1939 年 1 月 1 日，成立于美国，是一间全球性的资讯科技公司，主要专注于印表机、数位影像、软体、计算机与资讯服务等，选项 B 错误。华为公司成立于 1988 年在中国成立，是由员工持股的高科技民营企业。华为从事通信网络技术与产品的研究、开发、生产与销售，专门为电信运营商提供光网络、固定网、移动网和增值业务领域的网络解决方案，是中国电信市场的主要供应商之一，并已成功进入全球电信市场，选项 C 正确。赛门铁克成立于 1982 年在美国成立，是互联网安全技术的全球领导厂商，为企业、个人用户和服务供应商提供广泛的内容和网络安全软件及硬件的解决方案，公司是从客户端，网关及服务器安全解决方案的领导厂商，选项 D 错误。本题正确答案为选项 C。

(2) 　【答案】B【解析】汇编语言是一种符号化的机器语言，用助记符代替二进制代码，由汇编语言编写的源程序不能直接运行，必须经过转化，翻译成机器语言，计算机才能识别与执行，选项 A 说法错误。为了完成编译任务，编译程序要对源程序进行多次扫描，例如，第一遍扫描进行词法分析，第二遍扫描进行语法分析，第三遍扫描进行代码优化与存储分配，第四编扫描进行代码生成，选项 B 说法正确。解释程序是把源程序输入一句、翻译一句、执行一句，并不形成整个目标程序，执行速度比较慢，选项 C 说法错误。编译程序非常复杂，所以编译出的程序执行速度很快，选项 D 说法错误。本题正确答案为选项 B。

(3) 　【答案】A【解析】本题考查计算机主板的分类方法。主机板是计算机主机的主要部件。按 CPU 插座分类，如 Socket 7 主板、Slot 1 主板等，选项 A 说法正确。按主板的规格分类，如 AT 主板、Baby-AT 主板、ATX 主板等；按芯片集分类，如 TX 主板、LX 主板、BX 主板等，选项 B 说法错误。按数据端口分类，如 SCSI 主板、EDO 主板、AGP 主板等；按扩展槽分类，如 EISA 主板、PCI 主板、USB 主板等。选项 C 和 D 说法错误。该类问题，在最近的几次考试中连续出现，考生应多加重视。本题正确答案为选项 A。

(4) 　【答案】D【解析】本题考查局部总线的知识。局部总线是解决 I/O 瓶颈的一项技术，曾有两个局部总线标准进行过激烈的竞争。一个是 Intel 公司制定的 PCI 标准，称为外围部件接口（Peripheral Component Interconnect）标准。另一个是视频电子标准协会（Video Electronic Standard Association）制定的 VESA 标准。事实证明，PCI 标准有更多的优越性。它能容纳更先进的硬件设计，支持多处理、多媒体以及数据量很大的应用，同时使主板与芯片集的设计大大简化，也为奔腾芯片所采用。本题正确答案为选项 D。

(5) 　【答案】A【解析】本题考查奔腾处理器体系结构的知识。经典奔腾有两个 8KB（可扩充为 12KB）的超高速缓存，一个用于缓存指令，一个用于缓存数据，这种把指令与数据分开存取的结构称为哈佛结构，它对于保持流水线的持续流动有重要意义，选项 A 说法正确。超流水线技术（super pipeline）是通过细化流水，提高主频，使得机器在一个周期内完成一个甚至多个操作，其实质是用时间换取空间；超标量技术（super scalar）是通过内置多条流水线来同时执行多个处理，其实质是用空间换取时间，选项 B 和选项 C 说法错误。多重处理是指多 CPU 系统，它是高速并行处理技术中最常用的体系结构之一，奔腾和安腾芯片均支持多重处理，选项 D 说法错误，奔腾是 32 位芯片，而安腾是 64 位芯片，安腾采用了超越 CISC 与 RISC 的最新设计理念 EPIC，即简明并行指令计算（Explicitly Parallel Instruction Computing）技术。本题正确答案为选项 A。

（6）　【答案】C【解析】本题考查应用软件种类的知识。微软公司的 Excel、Lotus 公司的 Lotus 1－2－3 等属于电子表格软件；微软公司的 Access、SQL Server，Oracle 公司的 Oracle 等属于数据库软件，选项 A 和选项 D 说法错误。微软公司的 Publisher，Adobe 公司的 PageMaker 等属于桌面出版软件；微软公司的 PowerPoint 等属于投影演示软件，选项 B 说法错误。微软公司的 Internet Explorer，Netscape 公司的 Communicator，还有其他公司的比如 Hot Java Browser 等属于浏览软件，本题正确答案为选项 C。

（7）　【答案】D【解析】本题考查城域网的特征。城域网 MAN（Metropolitan Area Network）是介于广域网与局域网之间的一种高速网络。选项 A 说法正确。城域网设计的目标是要满足几十公里范围内的大量企业、机关、公司的多个局域网互联的需求，选项 B 说法正确。城域网能够实现大量用户之间的数据、语音、图形与视频等多种信息的传输功能，选项 C 说法正确。早期的城域网产品主要是光纤分布式数据接口（FDDI），选项 D 说法错误。本题正确答案为选项 D。

（8）　【答案】B【解析】本题考查计算机网络拓扑构型的概念。计算机网络拓扑是通过网中结点与通信线路之间的几何关系表示网络结构，反映出网络中各实体间的结构关系。拓扑设计是建设计算机网络的第一步，也是实现各种网络协议的基础，它对网络性能、系统可靠性与通信费用都有重大影响。计算机网络的拓扑主要是指通信子网的拓扑构型。本题正确答案为选项 B。

（9）　【答案】C【解析】本题考查广播信道通信子网的相关知识。在采用广播信道的通信子网中，一个公共的通信信道被多个网络结点共享。采用广播信道通信子网的基本拓扑结构主要有 4 种：总线型、树型、环型、无线通信与卫星通信型，选项 C 正确。与之对应的是采用点对点线路的通信子网，在采用点对点线路的通信子网中，每条物理线路连接一对结点。采用点对点线路的通信子网的基本拓扑结构有 4 类：星型、环型、树型、网状型。本题正确答案为选项 C。

（10）【答案】A【解析】本题考查误码率的概念。误码率是指二进制码元在数据传输系统中被传错的概率，它在数值上近似等于：Pe＝Ne/N。在这个公式中：N 为传输的二进制码元总数，Ne 为被传错的码元数。误码率应该是衡量数据传输系统正常工作状态下传输可靠性的参数，选项 A 说法错误。在数据传输速率确定后，误码率越低，传输系统设备越复杂，造价越高，选项 B 说法正确。对于实际数据传输系统，如果传输的不是二进制码元，要折合成二进制码元来计算，选项 C 说法正确。被测量的传输二进制码元数越大，误码率越接近于真实值，选项 D 说法正确。

（11）【答案】C【解析】本题考查数据传输速率的计算。数据传输速率在数值上等于每秒钟传输构成数据代码的二进制比特数，单位为比特/秒（bit/second），记作 bps。对于二进制数据，数据传输速率为：$S=1/T$（bps）。其中，T 为发送每一比特所需要的时间。题设中 $S=10Gbps$，按照上述公式，则信道发送每一比特所需要的时间 $T=1/S=1/10Gbps=0.0001\mu s$，每一秒传送比特数为 1×10^{10}。本题正确答案为选项 C。

（12）【答案】B【解析】本题考查网络协议的基本概念。计算机网络是由多个互联的结点组成，结点之间要不断地交换数据和控制信息。要做到有条不紊地交换数据，每个结点都必须遵守一些事先约定好的规则。这些规则精确地规定了所交换数据的格式和时序。这些为网络数据交换而制定的规则、约定与标准被称为网络协议（Protocol），选项 A 说法正确。网络协议中的语法规定了用户数据与控制信息的结构和格式；而语义规定了需要发出何种控制信息，以及完成的动作与做出的响应；时序是对事件实现顺序的详细说明，选项 B 说法错误。对于复杂的计算机网络协议最好的组织方式是层次结构模型，选项 C 说法正确。根据分而治之的原则，ISO 参考模型将整个网络协议划分为七个层次，选项 D 说法正确。本题正确答案为选项 B。

（13）【答案】A【解析】本题考查物理层的功能。物理层处于 OSI 参考模型的最低层。物理层的主要功能是利用物理传输介质为数据链路层提供物理连接，以便透明地传送比特流，本题正确答案为选项 A。

（14）【答案】C【解析】本题考查数据链路层的功能。数据链路层（Data link layer）是在物理层提供比特流传输服务的基础上，在通信的实体之间建立数据链路连接，传送以帧为单位的数据，采用差错控制、流量控制方法，使有差错的物理线路变成无差错的数据链路。由此可见，选项 A、选项 B 和选项 D 为数据链路层功能。网络层主要任务是通过路选算法，为分组通过通信子网选择最适当的路径。网络层要实现路由选择、拥塞控制与网络互联等功能，选项 C 为网络层的功能。本题正确答案为选项 C。

（15）【答案】B【解析】本题考查传输层的功能。传输层的主要任务是向用户提供可靠的端到端（End-to-End）服务，透明地传送报文。它向高层屏蔽了下层数据通信的细节，因而是计算机通信体系结构中最关键的一层。本题正确答案为选项 B。

（16）【答案】C【解析】本题考查 TCP 协议的特点。TCP 协议是一种可靠的面向连接的协议，选项 A 说法正确；TCP 协议允许将一台主机的字节流（Byte Stream）无差错地传送到目的主机，选项 B 说法正确；TCP 协议将应用层的字节流分成多个字节段（Byte Segment），然后将一个一个的字节段传送到互联层，发送到目的主机，选项 C 说法错误。当互联层将接收到的字节段传送给传输层时，传输层再将多个字节段还原成字节流传送到应用层。TCP 协议同时要完成流量控制功能，协调收发双方的发送与接收速度，达到正确传输的目的，选项 D 说法正确。本题正确答案为选项 C。

（17）【答案】B【解析】本题考查虚拟局域网的概念。虚拟网络是建立在局域网交换机或 ATM 交换机之上的，也以软件方式来实现逻辑工作组的划分与管理，逻辑工作组的节点组成不受物理位置的限制。本题正确答案为选项 B。

（18）【答案】B【解析】本题考查 Ethernet MAC 的概念。Ethernet MAC 层地址是由硬件来处理的，因此通常将它叫做硬件地址或物理地址。典型的 Ethernet MAC 长度为 48

位（6 个字节），允许分配的 Ethernet 物理地址应该有 247 个，这个物理地址的数量可以保证全球所有可能的 Ethernet MAC 的需求。选项 B 为本题正确答案，选项 D 为 IP 地址，而不是 MAC 地址。

（19）【答案】C【解析】本题考查交换机端口速率的概念。对于 100Mbps 的端口，半双工端口带宽为 100Mbps，而全双工端口带宽为 200Mbps，选项 C 正确。所谓半双工与全双工，是指通信双方信息交换的方式，当数据的发送和接收分流，分别由两根不同的传输线传送时，通信双方都能在同一时刻进行发送和接收操作，这样的传送方式就是全双工；若使用同一根传输线既作接收又作发送，虽然数据可以在两个方向上传送，但通信双方不能同时收发数据，这样的传送方式就是半双工。本题正确答案为选项 C。

（20）【答案】C【解析】本题考查交换机端口的概念。交换机可以完成不同端口速率之间的转换，使 10/100Mbps 两种网卡共存在同一网络中。交换机的端口支持 10/100Mbps 两种速率、全双工/半双工两种工作方式，端口能自动测试出所连接的网卡的速率是 10Mbps 还是 100Mbps，工作方式是全双工还是半双工，这是采用了 10/100Mbps 自动侦测（Autosense）技术，选项 C 正确。端口能自动识别并作相应的调整，从而大大地减轻了网络管理的负担。本题正确答案为选项 C。

（21）【答案】C【解析】本题考查交换机的交换方式。改进的直接交换方式则将二者结合起来，它在接收到帧的前 64 个字节后，判断以太网帧的帧头字段是否正确，如果正确则转发，选项 C 正确。这种方法对于短的以太网帧来说，其交换延迟时间与直接交换方式比较接近；而对于长的以太网帧来说，由于它只对帧的地址字段、控制字段进行了差错检测，因此交换延迟时间将会减少。本题正确答案为选项 C。

（22）【答案】B【解析】本题考查交换机的交换方式。在直接交换（Cut Through）方式中，交换机只要接收并检测到目的地址字段后就立即将该帧转发出去，而不管这一帧数据是否出错，选项 A 错误；在存储转发（Store and Forward）方式中，交换机首先完整地接收发送帧，并先进行差错检测。如接收帧是正确的，则根据帧目的地址确定输出端口号，再转发出去。这种交换方式的优点是具有帧差错检测能力，并能支持不同输入/输出速率的端口之间的帧转发；缺点是交换延迟时间将会增长，选项 B 正确；改进的直接交换方式则将二者结合起来，它在接收到帧的前 64 个字节后，判断以太网帧的帧头字段是否正确，如果正确则转发，选项 C 错误；目前局域网交换机并不存在查询交换，选项 D 错误。本题正确答案为选项 B。

（23）【答案】A【解析】本题考查 CSMA/CD 方法的概念。CSMA/CD 方法用来解决多结点如何共享公用总线传输介质问题，在 Ethernet 中，如果一个结点要发送数据，它将以"广播"方式把数据通过作为公共传输介质的总线发送出去，因此冲突的发生将是不可避免的。CSMA/CD 解决冲突的方法是随机延迟后重发。总的发送流程可以简单地概括 4 点：先听后发，边听边发，冲突停止，随机延迟后重发。本题正确答案为选项 A。

（24）【答案】D【解析】本题考查 10Gbps Ethernet 的特征。10 Gbps Ethernet 主要具有以下特点：10 Gbps Ethernet 的帧格式与 10Mbps、100Mbps 和 1GbpsEthernet 的帧格式完全相同，选项 A 说法正确；10 Gbps Ethernet 仍然保留了 802.3 标准对 Ethernet 最小帧长度和

最大帧长度的规定，选项 B 说法正确；由于数据传输速率高达 10Gbps，因此 10 Gbps Ethernet 的传输介质不再使用铜质的双绞线，而只使用光纤，选项 C 说法正确；10 Gbps Ethernet 只工作在全双工方式，因此不存在争用的问题，因此 10 Gbps Ethernet 的传输距离不再受冲突检测的限制，选项 D 说法错误。本题正确答案为选项 D。

(25)【答案】D【解析】本题考查无线局域网标准的概念。IEEE 802.11 协议的介质访问控制 MAC 层分为分布式协调功能（DCF）子层与点协调功能（PCF）子层两个子层，选项 A 说法正确；802.11 定义了使用红外、跳频扩频与直接序列扩频技术，数据传输速率为 1Mbps 或 2Mbps 的无线局域网标准，选项 B 说法正确；802.11b 定义了使用跳频扩频技术，传输速率为 1、2、5.5 与 11Mbps 的无线局域网标准，选项 C 说法正确；802.11a 将传输速率提高到 54Mbps，而不是 100Mbps，选项 D 说法错误。本题正确答案为选项 D。

(26)【答案】D【解析】本题考查文件 I/O 系统与设备 I/O 系统的概念。文件 I/O 负责管理在硬盘和其他大容量存储设备中存储的文件，而为应用程序提供所需的内存空间是由专门的内存管理进行，选项 A 说法错误。操作系统所以能够找到磁盘上的文件，是因为有磁盘上的文件名与存储位置的记录。在 DOS 里，它叫做文件表 FAT（file allocation table）；Windows 里，叫做虚拟文件表 VFAT（virtual file allocation table）；在 OS/2 里，叫做高性能文件支持系统 HPFS（high performance file system），选项 B 说法不够准确。操作系统一般都是通过内存管理来限制地址空间避免冲突，选项 C 说法错误。设备 I/O 是操作系统的重要功能，是负责与设备进行对话的功能，所谓设备是指键盘、鼠标、串口、打印机等，选项 D 说法正确。本题正确答案为选项 D。

(27)【答案】B【解析】本题考查网络操作系统基本功能的概念。网络操作系统（Network Operating System，缩写为 NOS）是指能使网络上各个计算机方便而有效地共享网络资源，为用户提供所需的各种服务的操作系统软件。文件服务器应具有分时系统文件管理的全部功能，它支持文件的概念与标准的文件操作，提供网络用户访问文件、目录的并发控制和安全保密措施，因此对用户权限有着严格的控制，选项 A 说法错误。打印服务通常采用排队策略安排打印任务，选项 B 说法正确。通信服务不仅提供用户与服务器的联系，还要保证用户间的通信，选项 C 说法错误。在对等结构网络操作系统中，所有的连网结点地位平等，安装在每个连网结点的操作系统软件相同，连网计算机的资源在原则上都是可以相互共享的，客户端与服务器软件没有区别；但是在非对等结构网络操作系统中，软件分为主从的两部分：一部分运行在服务器上，另一部分运行在工作站上，客户端软件与服务器软件有比较大的区别，选项 D 说法错误。本题正确答案为选项 B。

(28)【答案】A【解析】本题考查 Windows NT 服务器的相关概念。Windows NT Server 操作系统以"域"为单位实现对网络资源的集中管理，选项 A 说法正确。在一个 Windows NT 域中，只能有一个主域控制器（Primary Domain Controller），选项 B 说法错误，同时，还可以有后备域控制器（Backup Domain Controller），在主域控制器失效的情况下，它将会自动升级为主域控制器。Windows NT Server 内部采用 32 位体系结构，使得应用程序访问的内存空间可达 4GB，而不是 16 位扩展结构，选项 C 说法错误。Windows NT 系统支持 NetBIOS 的扩展用户接口（NetBEUI），选项 D 说法错误。本题正确答案为选项 A。

(29)【答案】C【解析】本题考查 NetWare 操作系统的相关概念。NetWare 操作系统是以文件服务器为中心的，它由 3 部分组成：文件服务器内核、工作站外壳与低层通信协议，选项 A 说法错误。NetWare 并不是开源操作系统，目前主要的开源操作系统是 Linux，选项 B 说法错误。NetWare 操作系统的系统容错技术是非常典型的，系统容错技术主要是以下 3 种：三级容错机制、事务跟踪系统、UPS 监控，选项 C 说法正确。NetWare 操作系统推出的要比 Windows 操作系统还早，选项 D 说法错误。本题正确答案为选项 C。

(30)【答案】D【解析】本题考查 Unix 操作系统的相关概念。Unix 系统是一个多用户、多任务的操作系统，每个用户都可以同时运行多个进程，选项 A 说法错误。Unix 系统的大部分使用 C 语言编写的，而不是汇编语言，这使系统具有易读、易移植等特点，汇编语言编写的系统执行速度要比用 C 语言快，但是可读性降低，选项 B 说法错误。Unix 提供的 Shell 编程语言功能非常强大，具有简洁高效的特点，选项 C 说法错误。Unix 系统采用的树形文件系统，具有良好的安全性、保密性和可维护性，选项 D 说法正确。本题正确答案为选项 D。

(31)【答案】B【解析】本题考查 Linux 操作系统的相关概念。Linux 操作系统是由一位来自芬兰赫尔辛基大学的大学生 Linux B.Torvalds 开发的免费网络操作系统，选项 A 说法错误。基于 Linux 源代码开放、安装配置简单等特点，已广泛用于互联网的多种 Web 服务器、应用服务器，选项 B 说法正确。虚拟内存功能就是利用硬盘来扩展内存，Linux 具有虚拟内存能力，因此可以利用硬盘扩充内存，选项 C 说法错误。Linux 不仅支持 Intel 硬件平台，而且还支持 Sparc 和 Power 等平台，选项 D 说法错误。本题正确答案为选项 B。

(32)【答案】D【解析】本题考查因特网的概念。从因特网使用者角度考虑，因特网是由大量主机通过连接在单一、无缝的通信系统上而形成的一个全球范围的信息资源网，选项 A 说法正确。因特网是一个基于 TCP/IP 的互联网，选项 B 说法正确。因特网是计算机互联网络的一个实例，由分布在世界各地的、数以万计的、各种规模的计算机网络，借助于网络互联设备-路由器，相互联接而形成的全球性的互联网络，选项 C 说法正确。因特网用户并不需要了解内部的互联结构，选项 D 说法错误。本题正确答案为选项 D。

(33)【答案】A【解析】本题考查服务器与客户机的相关概念。接入因特网的主机按其在因特网中扮演的角色不同，将其分成两类，即服务器和客户机。所谓服务器就是因特网服务与信息资源的提供者，而客户机则是因特网服务和信息资源的使用者，选项 A 说法正确。作为服务器的主机通常要求具有较高的性能和较大的存储容量，而作为客户机的主机可以是任意一台普通计算机或手持设备。本题正确答案为选项 A。

(34)【答案】B【解析】TCP/IP 是一个协议集，它对因特网中主机的寻址方式、主机的命名机制、信息的传输规则以及各种服务功能均做了详细规定，但是并没有规定主机的操作系统，选项 B 说法错误。本题正确答案为选项 B。

(35)【答案】C【解析】本题考查 IP 服务的特点。运行 IP 协议的网络层可以为其高层用户提供如下 3 种服务：不可靠的数据投递服务、面向无连接的传输服务和尽最大努力投递服务，选项 C 并不是 IP 服务具有的特点。本题正确答案为选项 C。

(36)【答案】A【解析】本题考查广播地址的概念。IP 具有两种广播地址形式，一种叫直接广播地址，另一种叫有限广播地址。直接广播地址包含一个有效的网络号和一个全 1 的主机号，其作用是因特网上的主机向其他网络广播信息，选项 D 是一个广播地址。32 位全为 1 的 IP 地址（255.255.255.255）叫做有限广播地址，用于本网广播，它将广播限制在最小的范围内，选项 A 为本题正确答案。选项 B 是网络地址，网络地址包含一个有效的网络号和一个全"0"的主机号，用来表示一个具体的网络。选项 C 是子网掩码的表示方法。本题正确答案为选项 A。

(37)【答案】C【解析】本题考查 IP 数据报头的相关概念。报头中有两个表示长度的域，一个为报头长度，一个为总长度。报头长度以 32 位双字为单位，指出该报头的长度，选项 A 说法正确。IP 数据报的路由选择具有独立性，因此从源主机到目的主机的传输延迟也具有随机性，如果路由表发生错误，数据报有可能进入一条循环路径，无休止地在网络中流动，利用 IP 报头中的生存周期域，可以控制这一情况的发生。在网络中，"生存周期"域随时间而递减，在该域为 0 时，报文将被删除，避免死循环的发生，选项 B 说法正确。头部校验和用于保证 IP 头数据的完整性，而不是整个 IP 数据报的完整性，选项 C 说法错误。作为选项，IP 选项域是任选的，但作为 IP 协议的组成部分，选项处理都不可或缺，IP 选项主要用于控制和测试两大目的，选项 D 说法正确。本题正确答案为选项 C。

(38)【答案】D【解析】本题考查路由表的相关概念。IP 数据包在传输的过程中，路由器接收到该数据包，并判断目的网络是否与自己属同一网络。如果不在，路由器必须根据路由表将 IP 数据包投递给另一路由器或者丢弃，题目中目的 IP 地址为 192.168.1.36 的数据报并没有合适的路由表，因此路由器不会对该数据报转发，而是直接丢弃。正确答案为选项 D。

(39)【答案】C【解析】本题考查 TCP 和 UDP 协议的相关概念。在 TCP/IP 协议集里，传输控制协议 TCP 和用户数据报协议 UDP 运行于传输层，它利用 IP 层提供的服务，提供端到端的可靠的（TCP）和不可靠的（UDP）服务。由此可见，TCP 和 UDP 都是端到端的协议，TCP 是提供可靠连接的协议，而 UDP 是不可靠连接的协议，选项 C 说法正确。本题正确答案为选项 C。

(40)【答案】D【解析】本题考查域名服务的知识。域名分析就是域名到 IP 地址的转换过程，一般情况下，支持 WWW 服务域名的以 www 开头的域名，支持 FTP 服务的域名以 ftp 开头，但这个并不是绝对的，使用 www 开头的域名也可以支持 FTP 服务，反之亦然。选项 A 和选项 B 说法是错误的。通过域名并不能判断主机是否支持 DNS 服务，选项 C 说法错误。正确答案为选项 D。

(41)【答案】B【解析】本题考查 POP 协议的概念。电子邮件应用程序（E-mail）在向邮件服务器传送邮件时使用简单邮件传输协议（SMTP, Simple Mail Transfer Protocol），而从邮件服务器的邮箱中读取时可以使用 POP3（Post Office Protocol）协议或 IMAP（Interactive Mail Access Protocol）协议，至于电子邮件应用程序使用何种协议读取邮件则决定于所使用的邮件服务器支持哪一种协议。我们通常称支持 POP3 协议的邮件服务器为 POP3 服务器，而称支持 IMAP 协议的服务器为 IMAP 服务器。本题正确答案为选项 B。

（42）【答案】C【解析】本题考查 SSL 协议的概念。在实际应用中，Web 站点与浏览器的安全交互通常是借助于安全套接层（SSL）完成的，可以防止 Web 服务器与浏览器之间的通信内容被窃听，选项 C 正确。身份认证是指对于 Web 站点中的一般资源，可以使用匿名访问，而对于一些特殊资源则需要有效的 Windows NT 登录；NTFS 权限是指如果一个 Web 站点利用 IIS 建立在 NTFS 分区，可以借助于 NTFS 的目录和文件权限来限制用户对站点内容的访问；FAT32 分区并不具备 NTFS 分区的安全效果。本题正确答案为选项 C。

（43）【答案】D【解析】本题考查网络安全管理的概念。安全管理需要对重要网络资源的访问进行监视，记录对重要网络资源的非法访问，选项 A 说法错误。安全管理需要验证用户的访问权限和优先级，只允许被选择的人经由网络管理者访问网络。每个用户有一个登录 ID、一个口令和一个特权级别，选项 B 说法错误。安全管理的操作并不完全依赖于设备的类型，选项 C 说法错误。安全管理的目标是按照一定的策略控制对网络资源的访问，保证重要的信息不被未授权的用户访问，并防止网络遭到恶意或是无意的攻击，选项 D 说法正确。

（44）【答案】C【解析】本题考查 SNMP 相关协议的相关知识。SNMP 是面向因特网的管理协议，其管理对象包括网桥、路由器、交换机等处理能力和内存有限的互连设备。SNMP 位于 ISO OSI 参考模型的应用层，它遵循 ISO 的管理者-代理网络管理模型。HTTP 也是应用层协议，并不是 SNMP 可以使用的下层协议，正确答案为选项 C。

（45）【答案】C【解析】本题考查美国国防部安全准则的细节。红皮书的安全准则中，C 级有两个安全子级别：C2 和 C1。C1 级提供自主式安全保护，它通过将用户和数据分离，满足自主需求。它将各种控制能力组合成一体，每一个实体独立地实施访问限制的控制能力。用户能够保护个人信息和防止其他用户阅读和破坏他们的数据，但不足以保护系统中的敏感信息。C2 级提供比 C1 级系统力度更细微的自主式访问控制。C2 级可视为处理敏感信息所需的最低安全级别。达到 C2 级的常见操作系统有：Unix 系统、XENIX、Novell 3.x 或更高版本、Windows NT。所以正确答案为选项 C。D1 是计算机安全的最低一级。整个计算机系统是不可信任的，硬件和操作系统很容易被侵袭。D1 级的计算机系统有 DOS、Windows3.x 及 Windows95/98、Apple 的 System7.x 等。本题正确答案为选项 C。

（46）【答案】D【解析】本题考查服务攻击的概念。从网络高层协议的角度看，攻击方法可概括分为两大类：服务攻击与非服务攻击。服务攻击（Application Dependent Attack）是针对某种特定网络服务的攻击；非服务攻击（Application Independent Attack）不针对某项具体应用服务，而是基于网络层等低层协议而进行的。邮件炸弹和 DOS 攻击都是服务攻击，而源路由攻击和地址欺骗攻击都是非服务攻击，选项 D 正确。本题正确答案为选项 D。

（47）【答案】B【解析】本题考查加密算法的概念。S/Key 协议一次性口令方案，不可逆，选项 A 错误。国际数据加密算法 IDEA（International Data Encryption Algorithm），是一种对称加密算法，是可逆的，选项 B 正确，数据加密标准 DES（Data Encryption Standard）、三重 DES（3DES，或称 TDEA）、Rivest Cipher 5（RC-5）也都是可逆的加密算法。消息摘要 5 算法（MD5）和安全散列算法（SHA）都是使用安全单向散列函数，是不可逆的。本题正确答案为选项 B。

(48)【答案】B【解析】本题考查 DES 的概念。DES 是一种常用的对称加密算法，一般的密钥长度为 56 位，分组长度为 64 位，选项 B 正确。本题正确答案为选项 B。

(49)【答案】C【解析】本题考查公钥密码体制的概念。公开密钥加密又叫做非对称加密，公钥是建立在数学函数基础上的，而不是建立在位方式的操作上的。公钥加密是不对称的，它涉及到两种独立密钥的使用，加密和解密使用不同的密钥，选项 A 说法正确。公钥是不需要保密，而私钥需要保密，选项 B 说法正确。由于公钥算法是公开的，这为攻击者提供一定的信息，根据密钥的强度，不一定比常规加密安全，选项 C 说法错误。公钥加密主要用于数字签名、认证和密钥管理等方面，选项 D 说法正确。本题正确答案为选项 C。

(50)【答案】D【解析】本题考查公钥密码体制中的公钥分发概念。分发公钥不需要保密。对于公开密钥加密，公钥加密的算法和公钥都是公开的，选项 A 说法正确。目前采用数字证书来分发公钥，数字证书要求使用可信任的第 3 方，即证书权威机构，选项 B 说法正确。数字证书是一条数字签名的消息，它通常用于证明某个实体的公钥的有效性，它是分发公钥的常用技术，选项 C 说法正确。正确答案为选项 D。

(51)【答案】B【解析】本题考查数字签名的概念。数字签名是用于确认发送者身份和消息完整性的一个加密的消息摘要。数字签名（digital signature）与手写签名类似，只不过手写签名是模拟的，因人而异。数字签名是 0 和 1 的数字串，因消息而异。数字签名技术可以保证信息传输过程中信息的完整性，并提供信息发送者的身份认证，防止抵赖行为发生，但是数字签名不能保证消息内容的机密性，选项 B 说法错误。目前，利用公用密钥加密算法进行数字签名是数字签名中最常用的方法。本题正确答案为选项 B。

(52)【答案】C【解析】本题考查防火墙技术的概念。通常防火墙是指设置在不同网络（如可信任的企业内部网和不可信的公共网）或网络安全域之间的一系列部件的组合。它可通过监测、限制、更改跨越防火墙的数据流，尽可能地对外部屏蔽网络内部的信息、结构和运行状况，确保一个单位内的网络与因特网之间所有的通信均符合该单位的安全策略，以此来实现网络的安全保护。但是防火墙并不具备查、杀病毒的功能，选项 C 说法错误。本题正确答案为选项 C。

(53)【答案】D【解析】本题考查电子商务的基本概念。电子商务并不是为买卖电子产品而设计的，而是以开放的因特网环境为基础，在计算机系统支持下进行的商务活动，选项 D 说法正确。使用信用卡进行资金支付的活动并不是电子商务，电子商务更多的是在线支付，可以是信用卡，也可以是其他在线支付方式，选项 B 说法错误。电子商务可以利用因特网进行广告宣传，单利用因特网进行广告宣传并不一定是电子商务，选项 C 说法错误。本题正确答案为选项 D。

(54)【答案】A【解析】本题考查电子支付方式。与人们熟悉的现金、信用卡和支票相似，电子支付工具包括了电子现金、电子信用卡和电子支票等等。电子现金（E-Cash）也叫数字现金，与普通现金一样，电子现金具有用途广、使用灵活、匿名性、快捷简单、无需直接与银行连接便可使用等特点，由于电子现金具有不必分成与现钞面值相符的优越性，尤其适用于金额较小的支付方式，选项 A 正确。信用卡是另一种常用的支付方式，电子商务活动中使用的信用卡是电子信用卡，电子信用卡通过网络进行直接支付；电子支票的交换主要通过银行等金融单位的专用网络进行；目前电子借记卡还很少应用。本题正确答案为选项 A。

(55) 【答案】B 【解析】本题考查 SET 协议的概念。SET 协议是针对用卡支付的网上交易而设计的支付规范，对不用卡支付的交易方式，则与 SET 协议无关。安全电子交易 SET 要达到的最主要目标是：信息在公共因特网网络上安全传输，保证网上传输的数据不被黑客窃取，选项 A 说法正确；单位信息和个人账号信息隔离，商家只能看到订货信息，而看不到持卡人的账户信息，选项 B 说法错误；持卡人和商家相互认证，以确保交易各方的真实身份，选项 C 说法正确；SET 认证需要通过第三方 CA 安全认证中心认证，因此要与认证中心进行交互，选项 D 说法正确。本题正确答案为选项 B。

(56) 【答案】C 【解析】本题考查电子政务功能的概念。电子政务是政府在其管理和服务智能中运用现代信息和通信技术，实现政府组织结构和工作流程的重组优化，选项 A 说法正确。电子政务能够提高政府部门的依法行政水平和管理水平，选项 B 说法正确。电子政务系统并不是一个政府部门内部的办公自动化系统，目前的电子政务系统提供跨部门的政府业务服务，选项 C 说法错误。电子政务系统的实现是以信息技术为基础的，通过信息技术手段提高政府部门的管理水平和行政效率，选项 D 说法正确。本题正确答案为选项 C。

(57) 【答案】C 【解析】本题考查一站式电子政务的概念。所谓"一站式"服务，就是服务的提供者针对特定的用户群，通过网络提供一个有统一入口的服务平台，用户通过访问统一的门户即可得到全程服务。一站式电子政务应用系统的实现流程为身份认证、服务请求和服务调度与处理，选项 C 正确。本题正确答案为选项 C。

(58) 【答案】B 【解析】本题考查 ATM 技术的概念。异步传输模式 ATM 是一种分组交换和复用技术，是一种为了多种业务设计的通用的面向连接的传输模式。ATM 作为 B-ISDN 的核心技术，特别适合高带宽和低时延应用，ATM 技术的重要特征有：信元传输、面向连接、统计多路复用和服务质量，选项 B 并不是 ATM 技术特点。本题正确答案为选项 B。

(59) 【答案】A 【解析】本题考查 HDSL 技术的相关概念。高比特率数字用户线（HDSL）是在无中继的用户环路网上使用无负载电话线提供高速数字接入的传输技术，典型速率为 2Mbps，可以实现高带宽双向传输。HDSL 传输上下行速率相同，选项 A 说法错误。本题正确答案为选项 A。

(60) 【答案】C 【解析】本题考查 IEEE 802.11 标准的相关概念。IEEE 802.11 标准使用的频点是 2.4GHz，选项 C 正确。本题正确答案为选项 C。

二、填空题

(1) 【答案】【1】MTBF 【解析】系统的可靠性可以用平均无故障时间 MTBF 和平均故障修复时间 MTTR 来表示。MTBF 是 Mean Time Between Failures 的缩写，指多长时间系统发生一次故障。MTTR 是 Mean Time To Repair 的缩写，指修复一次故障所需要的时间。正确答案为 MTBF。

(2)　【答案】【2】需求分析【解析】在软件的生命周期中，通常分为三大阶段：计划阶段、开发阶段和运行阶段。每个阶段又分若干子阶段，在开发初期分为需求分析、总体设计、详细设计三个子阶段；在开发后期分为编码、测试两个子阶段。正确答案为需求分析。

(3)　【答案】【3】层次结构 或 层次【解析】计算机网络层次结构模型和各层协议的集合定义为计算机网络体系结构（Network Architecture）。网络体系结构是对计算机网络应完成的功能的精确的定义。正确答案为层次结构或层次。

(4)　【答案】【4】PCM 或 脉冲编码调制【解析】本题考查脉冲编码调制的概念。为了将语音信号与计算机产生的数字、文字、图形与图像信号同时传输，需要采用脉冲编码调制技术，将模拟的语音信号变成数字的语音信号。脉冲编码调制主要经过 3 个过程：抽样、量化和编码。抽样过程将连续时间模拟信号变为离散时间、连续幅度的抽样信号，量化过程将抽样信号变为离散时间、离散幅度的数字信号，编码过程将量化后的信号编码成为一个二进制码组输出。正确答案为 PCM 或脉冲编码调制。

(5)　【答案】【5】UDP 或 用户数据报协议【解析】在 TCP/IP 协议集中，传输层的 UDP 协议是一种面向无连接的协议，它不能提供可靠的数据包传输，没有差错检测功能。而 TCP 协议是一种面向连接的协议，它能提供可靠的数据包传输，没有差错检测功能。正确答案为 UDP 或用户数据报协议。

(6)　【答案】【6】跳频 或 FHSS【解析】无线局域网是使用无线传输介质，按照所采用的传输技术可以分为 3 类：红外线局域网、窄带微波局域网和扩频无线局域网。扩频无线局域网所使用扩频的两种方法是跳频扩频与直接序列扩频。正确答案为跳频或 FHSS。

(7)　【答案】【7】RJ-45【解析】本题考查网络传输介质的基本概念。局域网中使用的双绞线可以分为两类：屏蔽双绞线（STP, Shielded Twisted Pair）与非屏蔽双绞线（UTP, Unshielded Twisted Pair）。屏蔽双绞线的抗干扰性能优于非屏蔽双绞线。不论是屏蔽双绞线还是非屏蔽双绞线都使用 RJ-45 标准接口。正确答案为 RJ-45。

(8)　【答案】【8】光纤 或 光缆 或 光导纤维【解析】本题考查结构化布线的基本概念。建筑物综合布线系统一般具有很好的开放式结构，其传输介质主要采用非屏蔽双绞线与光纤混合结构。正确答案为光纤或光缆、光导纤维。

(9)　【答案】【9】服务器 或 Server【解析】本题考查 Solaris 网络操作系统的相关概念。Solaris 是 Sun 公司的 Unix 系统，它是在 Sun 公司自己的 SunOS 的基础上进一步设计开发而成的，主要运行于使用 Sun 公司的 RISC 结构的工作站和服务器上。正确答案为服务器或 Server。

(10)【答案】【10】工作组 或 workgroup【解析】本题考查 Windows 网络操作系统的基本概念。Windows 操作系统的版本不断变化，但是从它的网络操作与系统应用角度来看，有两个概念是始终不变的，那就是工作组模型与域模型。正确答案为工作组或 workgroup。

(11)【答案】【11】差异 或 差别 或 不同【解析】本题考查 IP 协议的功能。IP 协议作为一种互联网协议，运行于网络层，它屏蔽各个物理网络的细节和差异，使网络层向上提供统一的服务。正确答案为差异或差别、不同。

(12)【答案】【12】203.94.2.1【解析】本题考查 IP 地址的表示方法。IP 地址由 32 位二进制数组成（4 个字节），但为了方便用户的理解和记忆，它采用了点分十进制标记法，即将 4 个字节的二进制数转换成 4 个十进制数值，每个数值小于等于 255，数值中间用 "." 隔开，表示成 W.X.Y.Z 的形式。二进制 11001011 对应十进制为 203，二进制 01011110 对应十进制为 94，二进制 00000010 对应十进制为 2，二进制 00000001 对应十进制为 1，点分十进制表示为 203.94.2.1。正确答案为 203.94.2.1。

(13)【答案】【13】域名服务器 或 DNS 服务器 或 DNS Server【解析】本题考查域名解析的概念在因特网中，域名解析通常借助于一组既独立又协作的域名服务器完成。域名解析可以有两种方式，第一种叫递归解析，要求名字服务器系统一次性完成全部名字-地址变换。第二种叫反复解析，每次请求一个服务器，不行再请求别的服务器。

(14)【答案】【14】监视 或 监测【解析】本题考查网络管理中性能管理的概念。性能管理功能允许网络管理者查看网络运行的好坏。性能管理的目标是衡量和呈现网络特性的各个方面，使网络的性能维持在一个可以接受的水平上。从概念上讲，性能管理包括监视和调整两大功能。监视功能主要是指跟踪网络活动；调整功能是指通过改变设置来改善网络的性能。正确答案为监视或监测。

(15)【答案】【15】完整性【解析】网络安全是指网络系统的硬件、软件及其系统中的数据受到保护，不会由于偶然或恶意的原因而遭到破坏、更改、泄漏，系统连续、可靠、正常地运行，网路服务不中断。网络安全的基本目标是保证信息的机密性、完整性、可用性和合法性。正确答案为完整性。

(16)【答案】【16】通信量分析【解析】本题考查通信量分析的概念。通信量分析是通过对通信量的观察（有、无、数量、方向、频率）而造成信息被泄露给未授权的实体。通信量分析可以确定通信的位置和通信主机的身份，还可以观察交换信息的频度和长度。正确答案为通信量分析。

(17)【答案】【17】密钥【解析】本题考查对称加密机制的概念。对称加密是使用单个密钥对数据进行加密或解密，其特点是计算量小、加密效率高，但是其密钥的保密性直接决定加密机制安全性。正确答案为密钥。

(18)【答案】【18】业务 或 应用【解析】本题考查电子商务体系结构的基本概念。电子商务的体系结构可以分为网络基础平台、安全结构、支付体系和业务系统 4 个层次。正确答案为业务或应用。

(19)【答案】【19】内网【解析】本题考查电子政务的基本概念。电子政务的网络基础设施主要包括因特网、公众服务业务网、非涉密政府办公网和涉密政府办公网几大部分。其中公众服务业务网、非涉密政府办公网和涉密政府办公网 3 部分又称为政务内网，所有的网络系统以统一的安全电子政务平台为核心，共同组成一个有机的整体。正确答案为内网。

(20)【答案】【20】数据链路 或 链路【解析】本题考查 ATM 协议的概念。ATM 协议本身可以分为 3 层：ATM 适配层、ATM 层和物理层。其中 ATM 层为各种业务提供信元传送功能，ATM 层类似于 OSI 参考模型的数据链路层功能。正确答案为数据链路或链路。

2007 年 9 月三级网络技术笔试试卷

(考试时间 120 分钟,满分 100 分)

一、选择题

下列各题 A)、B)、C)、D) 四个选项中,只有一个选项是正确的。请将正确选项涂写在答题卡相应位置上,答在试卷上不得分。

(1) 我国长城台式机通过国家电子计算机质量监督检测中心的测试,其平均无故障时间突破 12 万小时的大关。请问平均无故障时间的缩写是

A) MTBF   B) MTFB   C) MFBT   D) MTTR

(2) ASCII 码中的每个字符都能用二进制数表示,例如 A 表示为 01000001,B 表示为 01000010,那么字符 F 可表示为

A) 01000011   B) 01000111   C) 01000101   D) 01000110

(3) 关于奔腾处理器体系结构的描述中,正确的是

A) 哈佛结构是把指令和数据进行混合存储

B) 超标量技术的特点是提高主频、细化流水

C) 单纯依靠提高主频比较困难,转向多核技术

D) 超流水线技术的特点是设置多条流水线同时执行多个处理

(4) 关于主板的描述中,错误的是

A) 按芯片集分类有奔腾主板、AMD 主板

B) 按主板的规格分类有 AT 主板、ATX 主板

C) 按 CPU 插座分类有 Slot 主板、Socket 主板

D) 按数据端口分类有 SCSI 主板、EDO 主板

(5) 关于局部总线的描述中,正确的是

A) VESA 的含义是外围部件接口   B) PCI 的含义是个人电脑接口

C) VESA 是英特尔公司的标准   D) PCI 比 VESA 有明显的优势

(6) 关于应用软件的描述中,错误的是

A) Access 是数据库软件   B) PowerPoint 是演示软件

C) Outlook 是浏览器软件   D) Excel 是电子表格软件

(7) 关于 Internet 网络结构特点的描述中,错误的是

A) 局域网、城域网与广域网的数据链路层协议必须是相同的

B) 局域网、城域网与广域网之间是通过路由器实现互连的

C) 目前大量的微型计算机是通过局域网连入城域网的

D) Internet 是一种大型的互联网

(8) 计算机网络拓扑主要是指

A) 主机之间连接的结构   B) 通信子网结点之间连接的结构

C) 通信线路之间连接的结构   D) 资源子网结点之间连接的结构

(9) IEEE 802.3ae 的标准速率为 10Gbps,那么发送 1 个比特需要用

A）$1×10^{-6}$ s　　B）$1×10^{-8}$ s　　C）$1×10^{-10}$ s　　D）$1×10^{-12}$ s

(10) OSI 将整个通信功能划分为七个层次，划分层次的原则是

　　Ⅰ. 网中各结点都有相同的层次　　Ⅱ. 不同结点的同等层具有相同的功能

　　Ⅲ. 同一结点内相邻层之间通过接口通信

　　Ⅳ. 每一层使用高层提供的服务，并向其下层提供服务

　　A）Ⅰ、Ⅱ与Ⅳ　　B）Ⅰ、Ⅱ与Ⅲ　　C）Ⅱ、Ⅲ与Ⅳ　　D）Ⅰ、Ⅲ与Ⅳ

(11) 网络层主要任务是为分组通过通信子网选择适当的

　　A）传输路径　　B）传输协议　　C）传送速率　　D）目的结点

(12) TCP/IP 参考模型可以分为四个层次：应用层、传输层、互联层与

　　A）网络层　　B）主机-网络层　　C）物理层　　D）数据链路层

(13) 传输层的主要任务是向高层屏蔽下层数据通信的细节，向用户提供可靠的

　　A）点-点服务　　　　B）端-端服务

　　C）结点-结点服务　　D）子网-子网服务

(14) 关于光纤特性的描述中，错误的是

　　A）光纤是网络中性能最好的一种传输介质

　　B）多条光纤可以构成一条光缆

　　C）光纤通过全反射传输经过编码的光载波信号

　　D）光载波调制方法主要采用 ASK 和 PSK 两种

(15) HTTP 协议采用的熟知 TCP 端口号是

　　A）20　　B）21　　C）80　　D）110

(16) 关于 FTP 和 TFTP 的描述中，正确的是

　　A）FTP 和 TFTP 都使用 TCP　　B）FTP 使用 UDP，TFTP 使用 TCP

　　C）FTP 和 TFTP 都使用 UDP　　D）FTP 使用 TCP，TFTP 使用 UDP

(17) 以下哪个协议不属于应用层协议？

　　A）TELNET　　B）ARP　　C）HTTP　　D）NFS

(18) 为了使传输介质和信号编码方式的变化不影响 MAC 子层，100 BASE-T 标准采用了

　　A）MII　　B）GMII　　C）LLC　　D）IGP

(19) 如果 Ethernet 交换机有 4 个 100Mbps 全双工端口和 20 个 10Mbps 半双工端口，那么这个交换机的总带宽最高可以达到

　　A）600Mbps　　B）1000Mbps　　C）1200Mbps　　D）1600Mbps

(20) 1000 BASE-T 标准使用 5 类非屏蔽双绞线，双绞线长度最长可以达到

　　A）25 米　　B）50 米　　C）100 米　　D）250 米

(21) 如果需要组建一个办公室局域网，其中有 14 台个人计算机与 2 台服务器，并且要与公司的局域网交换机连接，那么性价比最优的连接设备是

　　A）16 端口 10Mbps 交换机　　B）16 端口 100Mbps 交换机

　　C）24 端口 10Mbps 交换机

　　D）24 端口交换机，其中 20 个 10Mbps 端口，4 个 10/100Mbps 端口

(22) 关于 VLAN 特点的描述中，错误的是

　　A）VLAN 建立在局域网交换技术的基础之上

　　B）VLAN 以软件方式实现逻辑工作组的划分与管理

　　C）同一逻辑工作组的成员需要连接在同一个物理网段上

D）通过软件设定可以将一个结点从一个工作组转移到另一个工作组

（23）适用于非屏蔽双绞线的 Ethernet 网卡应提供

    A）BNC 接口   B）F/O 接口   C）RJ-45 接口   D）AUI 接口

（24）建筑物综合布线系统的传输介质主要采用

    Ⅰ. 非屏蔽双绞线   Ⅱ. CATV 电缆   Ⅲ. 光纤   Ⅳ. 屏蔽双绞线

    A）Ⅰ、Ⅱ   B）Ⅰ、Ⅲ   C）Ⅱ、Ⅲ   D）Ⅲ、Ⅳ

（25）802.11a 不支持的传输速率为

    A）5.5 Mbps   B）11Mbps   C）54Mbps   D）100Mbps

（26）关于操作系统的文件 I/O 描述中，错误的是

    A）DOS 通过 FAT 管理磁盘文件

    B）Windows 可以通过 VFAT 管理磁盘文件

    C）NTFS 是 NT 具有可恢复性的文件系统

    D）HPFS 是 HP 具有安全保护的文件系统

（27）关于网络操作系统的描述中，正确的是

    A）屏蔽本地资源和网络资源之间的差异

    B）必须提供目录服务

    C）比单机操作系统有更高的安全性

    D）客户机和服务器端的软件可以互换

（28）关于 Windows 2000 的描述中，错误的是

    A）活动目录服务具有可扩展性和可调整性

    B）基本管理单位是域，其中还可以划分逻辑单元

    C）域控制器之间采用主从结构

    D）域之间通过认证可以传递信任关系

（29）关于 NetWare 容错系统的描述中，正确的是

    A）提供系统容错、事务跟踪以及 UPS 监控功能

    B）一级系统容错采用了文件服务器镜像功能

    C）二级系统容错采用了硬盘表面磁介质冗余功能

    D）三级系统容错采用了硬盘通道镜像功能

（30）关于 Linux 的描述中，错误的是

    A）它是开放源代码并自由传播的网络操作系统

    B）提供对 TCP/IP 协议的完全支持

    C）目前还不支持非 x86 硬件平台

    D）提供强大的应用开发环境

（31）关于 Unix 的描述中，正确的是

    A）它于 1969 年在伯克利大学实验室问世

    B）它由汇编语言编写

    C）它提供功能强大的 Shell 编程语言

    D）它的文件系统是网状结构，有良好的安全性

（32）Internet 中有一种非常重要的设备，它是网络与网络之间连接的桥梁。这种设备是

A）服务器   B）客户机   C）防火墙   D）路由器

（33）关于 IP 协议的描述中，错误的是

A）IP 协议提供尽力而为的数据报投递服务

B）IP 协议提供可靠的数据传输服务

C）IP 协议是一种面向无连接的传输协议

D）IP 协议用于屏蔽各个物理网络的差异

（34）IP 地址 255.255.255.255 被称为

A）直接广播地址   B）有限广播地址

C）本地地址   D）回送地址

（35）下图所示的网络中，路由器 S 路由表中到达网络 10.0.0.0 表项的下一路由器地址应该是

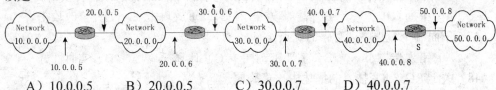

A）10.0.0.5   B）20.0.0.5   C）30.0.0.7   D）40.0.0.7

（36）关于 Internet 域名服务的描述中，错误的是

A）域名解析通常从根域名服务器开始

B）域名服务器之间构成一定的层次结构关系

C）域名解析借助于一组既独立又协作的域名服务器完成

D）域名解析有反复解析和递归解析两种方式

（37）电子邮件服务器之间相互传递邮件通常使用的协议为

A）POP3   B）SMTP   C）FTP   D）SNMP

（38）关于远程登录服务的描述中，正确的是

A）客户端需要实现 NVT，服务器端不需要实现 NVT

B）服务器端需要实现 NVT，客户端不需要实现 NVT

C）客户端和服务器端都需要实现 NVT

D）客户端和服务器端都不需要实现 NVT

（39）关于 HTML 协议的描述中，错误的是

A）HTML 可以包含指向其他文档的链接项

B）HTML 可以将声音、图像、视频等文件压缩在一个文件中

C）HTML 是 Internet 上的通用信息描述方式

D）符合 HTML 规范的文件一般具有.htm 或.html 后缀

（40）在 WWW 服务中，浏览器为了验证服务器的真实性需要采取的措施是

A）浏览器在通信开始时要求服务器发送 CA 数字证书

B）浏览器在通信开始之前安装自己的 CA 数字证书

C）浏览器将要访问的服务器放入自己的可信站点区域

D）浏览器将要访问的服务器放入自己的受限站点区域

（41）如果用户希望将一台计算机通过电话网接入 Internet，那么他必须使用的设备为

A）调制解调器　　　B）集线器　　　　C）交换机　　　　D）中继器

（42）以下哪个地址不是有效的 IP 地址？

A）193.254.8.1　　B）193.8.1.2　　C）193.1.25.8　　D）193.1.8.257

（43）关于网络性能管理的描述中，错误的是

A）收集网络性能参数　　　　　　B）分析性能数据

C）产生费用报告　　　　　　　　D）调整工作参数

（44）电信管理网中主要使用的协议是

A）SNMP　　　　　B）RMON　　　C）CMIS/CMIP　D）LMMP

（45）计算机系统具有不同的安全级别，其中 Windows98 的安全等级是

A）B1　　　　　　B）C1　　　　　C）C2　　　　　D）D1

（46）从信源向信宿流动过程中，信息被插入一些欺骗性的消息，这种攻击属于

A）中断攻击　　　B）截取攻击　　C）重放攻击　　D）修改攻击

（47）下面哪个不是序列密码的优点？

A）错误传播小　　B）需要密钥同步 C）计算简单　　D）实时性好

（48）关于 RC5 加密技术的描述中，正确的是

A）它属于非对称加密　　　　　　B）它的分组长度固定

C）它的密钥长度可变　　　　　　D）它是在 DES 基础上开发的

（49）下面加密算法中，基于离散对数问题的是

A）RSA　　　　　B）DES　　　　C）RC4　　　　D）Elgamal

（50）关于密钥分发技术的描述中，正确的是

A）CA 只能分发公钥　　　　　　B）KDC 可以分发会话密钥

C）CA 只能分发私钥　　　　　　D）KDC 分发的密钥长期有效

（51）MD5 是一种常用的摘要算法，它产生的消息摘要长度是

A）56 位　　　　　B）64 位　　　　C）128 位　　　　D）256 位

（52）关于防火墙技术的描述中，正确的是

A）防火墙不能支持网络地址转换

B）防火墙可以布置在企业内部网和 Internet 之间

C）防火墙可以查、杀各种病毒

D）防火墙可以过滤各种垃圾邮件

（53）在电子商务中，参与双方为了确认对方身份需要使用

A）CA 安全认证系统　　　　　　B）支付网关系统

C）业务应用系统　　　　　　　　D）用户及终端系统

（54）关于 EDI 的描述中，错误的是

A）EDI 可以实现两个或多个计算机应用系统之间的通信

B）EDI 应用系统之间传输的信息要遵循一定的语法规则

C）EDI 应用系统之间数据自动地投递和处理

D）EDI 是电子数据处理 EDP 的基础

（55）在电子商务中，SET 协议支持的网上支付方式是

A）电子现金　　　B）数字现金　　C）电子信用卡　　D）电子支票

（56）电子政务发展的三个阶段是
    A）面向对象、面向信息、面向知识　　　B）面向数据、面向信息、面向知识
    C）面向数据、面向对象、面向知识　　　D）面向数据、面向信息、面向对象

（57）在电子政务分层逻辑模型中，为电子政务系统提供信息传输和交换平台的是
    A）网络基础设施子层　　　　　　　　　B）统一的电子政务平台层
    C）信息安全设施子层　　　　　　　　　D）电子政务应用层

（58）B-ISDN 的业务分为交互型业务和发布型业务，属于发布型业务的是
    A）会议电视　　　　　　　　　　　　　B）电子邮件
    C）档案信息检索　　　　　　　　　　　D）电视广播业务

（59）关于 ADSL 技术的描述中，正确的是
    A）用户端和局端都需要分离器　　　　　B）仅用户端需要分离器
    C）两端都不需要分离器　　　　　　　　D）仅局端需要分离器

（60）下面哪个不是第三代移动通信系统（3G）的国际标准？
    A）WCDMA　　　　　B）GPRS　　　　　C）CDMA2000　　　　　D）TD-SCDMA

二、填空题

（1）　每秒执行一百万条浮点指令的速度单位的英文缩写是【1】。

（2）　JPEG 是一种适合连续色调、多级灰度、彩色或单色、【2】图像的压缩标准。

（3）　计算机网络采用了多种通信介质，如电话线、双绞线、同轴电缆、光纤和【3】通信信道。

（4）　计算机的数据传输具有突发性，通信子网中的负荷极不稳定，可能带来通信子网暂时与局部的【4】现象。

（5）　OSI 参考模型定义了开放系统的层次结构、层次之间的相互关系及各层的【5】功能。

（6）　在 TCP/IP 协议中，传输层的【6】是一种面向连接的协议，它能够提供可靠的数据包传输。

（7）　MPLS 技术的核心是【7】交换。

（8）　三层交换机是一种用【8】实现的高速路由器。

（9）　如果系统的物理内存不能满足应用程序的需要，那么就需要使用【9】内存。

（10）SUN 公司的 Solaris 是在【10】操作系统的基础上发展起来的。

（11）在 WWW 服务中，用户可以通过使用【11】指定要访问的协议类型、主机名和路径及文件名。

（12）将 IP 地址 4 个字节的二进制数分别转换成 4 个十进制数，这 4 个十进制数之间用"."隔开，这种 IP 地址表示法被称为【12】表示法。

（13）一台路由器的路由表如下所示。该路由器在接收到目的地址为 130.3.25.8 的数据报时，它应该将该数据报投递到【13】。

要到达的网络	下一路由器
130.1.0.0	202.113.28.9
133.3.0.0	203.16.23.8
130.3.0.0	204.25.62.79
193.3.25.0	205.35.8.26

（14）网络管理的一个重要功能是性能管理。性能管理包括监视和【14】两大功能。

（15）网络安全的基本目标是实现信息的机密性、合法性、完整性和【15】。

（16）通信量分析攻击可以确定通信的位置和通信主机的身份，还可以观察交换信息的频度和长度。这类安全攻击属于【16】攻击。

（17）在端到端加密方式中，由发送方加密的数据，到达【17】才被解密。

（18）在电子商务业务应用系统中，【18】端运行的支付软件被称为电子柜员机软件。

（19）通过网络提供一个有统一入口的服务平台，用户通过访问统一的门户即可得到全程服务，这在电子政务中被称为【19】电子政务服务。

（20）SDH网的主要网络单元有终端复用器、数字交叉连接设备和【20】。

2007 年 9 月三级网络技术笔试试卷答案和解析

一、选择题

(1) 【答案】A【解析】本题考查系统可靠性参数的概念。计算机指标中，系统的可靠性通常用 MTBF 和 MTTR 来表示。MTBF 是 Mean Time Between Failures 的缩写，指多长时间系统发生一次故障，即平均无故障时间，选项 B 正确。MTTR 是 Mean Time To Repair 的缩写，指修复一次故障所需要的时间，即选项 D 平均故障修复时间。MTDF 是系统中存在故障的平均诊断时间；MFBT 是平均无故障时间间隔。正确答案为选项 A。

(2) 【答案】D【解析】本题考查 ASCII 码与二进制数的转换。题设中给出 A 表示为 01000001，B 表示为 01000010，即 A+1=01000001+1=01000010=B，因此 F=A+5=01000001+101= 01000110。正确答案为选项 D。

(3) 【答案】C【解析】本题考查奔腾处理器体系结构的概念。经典奔腾有两个 8KB（可扩充为 12KB）的超高速缓存，一个用于缓存指令，一个用于缓存数据。这种把指令与数据分开存取的结构称为哈佛结构，它对于保持流水线的持续流动有重要意义，选项 A 说法错误。超标量技术（super scalar）是通过内置多条流水线来同时执行多个处理，其实质是用空间换取时间，而超流水线技术（super pipeline）是通过细化流水，提高主频，使得机器在一个周期内完成一个甚至多个操作，其实质是用时间换取空间，选项 B 和选项 D 说法错误，混淆了超标量技术和超流水线技术。正确答案为选项 C。

(4) 【答案】A【解析】本题考查主板的概念。主机板简称主板（mainboard）或母板（motherboard），它是计算机的主要部件，通常由 CPU、存储器、总线、插槽和电源五部分组成。主板分类方法很多，按芯片集分类，如 TX 主板、LX 主板、BX 主板等，选项 A 说法错误；按主板的规格分类，如 AT 主板、Baby-AT 主板、ATX 主板等，选项 B 说法正确；按 CPU 插座分类，如 Socket 7 主板、Slot 1 主板等，选项 C 说法正确；按数据端口分类，如 SCSI 主板、EDO 主板、AGP 主板等，选项 D 说法正确。正确答案为选项 A。

(5) 【答案】D【解析】本题考查局部总线的概念。局部总线是解决 I/O 瓶颈的一项技术，局部总线标准中，一个是 Intel 公司制定的 PCI 标准，称为外围部件接口（Peripheral Component Interconnect）标准，另一个是视频电子标准协会（Video Electronic Standard Association）制定的 VESA 标准。PCI 标准有更多的优越性，它能容纳更先进的硬件设计，支持多处理、多媒体以及数据量很大的应用，同时使主板与芯片集的设计大大简化。选项 D 说法正确。正确答案为选项 D。

(6) 【答案】C【解析】本题考查应用软件的相关知识。随着 PC 技术的发展，PC 应用软件的种类繁多、应有尽有，主要包括桌面应用软件、演示出版软件、浏览工具软件、管理效率软件、通信协作软件和系统维护软件等。数据库软件有微软公司的 Access、SQL Server、Oracle 公司的 Oracle，选项 A 说法正确。投影演示软件有微软公司的 PowerPoint 等，选项 B 说法正确。浏览软件有微软公司的 Internet Explorer、、Netscape 公司的 Communicator，还有其他公司的比如 Hot Java Browser 等，而 Outlook 微软公司的个人信息管理软件，选项 C 说法错误。电子表格软件有微软公司的 Excel、Lotus 公司的 Lotus 1－2－3 等，选项 D 说法正确。正确答案为选项 C。

(7) 【答案】A【解析】本题考查网络结构的基本概念。局域网、城域网与广城网的数据链路层协议不一定是相同的，异构局域网也可以互联，选项 A 说法错误。正确答案为选项 A。

(8) 【答案】B【解析】本题考查计算机网络拓扑的概念。计算机网络拓扑是通过网中结点与通信线路之间的几何关系表示网络结构，反映出网络中各实体间的结构关系。拓扑设计是建设计算机网络的第一步，也是实现各种网络协议的基础，它对网络性能、系统可靠性与通信费用都有重大影响。计算机网络的拓扑主要是指通信子网的拓扑构型。正确答案为选项 B。

(9) 【答案】C【解析】本题考查数据传输速率的计算。数据传输速率是描述数据传输系统的重要技术指标之一。数据传输速率在数值上等于每秒钟传输构成数据代码的二进制比特数，单位为比特/秒（bit/second），记作 bps。对于二进制数据，数据传输速率为：S=1/T（bps）。其中，T 为发送每一比特所需要的时间。T=1/S=1b/10Gbps=1×10-10s。正确答案为选项 C。

(10) 【答案】B【解析】本题考查 ISO/OSI 参考模型的概念。根据分而治之的原则，ISO 将整个通信功能划分为七个层次，划分层次的原则是：网中各结点都有相同的层次，Ⅰ 说法正确；不同结点的同等层具有相同的功能，Ⅱ 说法正确；同一结点内相邻层之间通过接口通信，Ⅲ 说法正确；每一层使用下层提供的服务，并向其上层提供服务；不同结点的同等层按照协议实现对等层之间的通信，Ⅳ 说法错误。正确答案为选项 B。

(11) 【答案】A【解析】本题考查网络层的基本概念。网络层主要任务是通过路选算法，为分组通过通信子网选择最适当的路径。网络层要实现路由选择、拥塞控制与网络互连等功能。正确答案为选项 A。

(12) 【答案】B【解析】本题考查 TCP/IP 参考模型的基本概念。TCP/IP 参考模型可以分为 4 层：应用层、传输层、互连层、主机-网络层。TCP/IP 参考模型的应用层鱼 OSI 应用层、表示层和会话层相对应，传输层与 OSI 传输层相对应，互连层与 OSI 网络层相对应，主机—网络层与 OSI 数据链路层、物理层相对应。正确答案为选项 B。

(13) 【答案】B【解析】本题考查传输层的相关概念。传输层的主要任务是向用户提供可靠的端到端（End-to-End）服务，透明地传送报文。它向高层屏蔽了下层数据通信的细节，因而是计算机通信体系结构中最关键的一层。正确答案为选项 B。

(14) 【答案】D【解析】本题考查光纤的相关概念。光纤通常用于长距离、高速率、抗干扰和保密性要求高的应用领域中。光纤是网络中性能最好的一种传输介质，选项 A 说法正确；多条光纤可以构成一条光缆，选项 B 说法正确。光导纤维通过内部的全反射来传输一束经过编码的光信号，选项 C 说法正确。正确答案为选项 D。

(15) 【答案】C【解析】本题考查常见 TCP 端口的概念。不论 TCP 还是 UDP，它们都提供了对给定主机上的多个目标进行区分的能力。端口就是 TCP 和 UDP 为了识别一个主机上的多个目标而设计的。TCP 和 UDP 分别拥有自己的端口号，它们可以共存于一台主机，但互不干扰。表中给出了一些重要的 TCP 端口号。用户在利用 TCP 或 UDP 编写自己的应用程序时，应避免使用这些端口号，因为它们已被重要的应用程序和服务占用。

TCP 端口号	关键字	描述
20	FTP-DATA	文件传输协议数据
21	FTP	文件传输协议控制
23	TELENET	远程登录协议
25	SMTP	简单邮件传输协议
53	DOMAIN	域名服务器
80	HTTP	超文本传输协议
110	POP3	邮局协议
119	NNTP	新闻传送协议

正确答案为选项 C。

（16）【答案】D【解析】本题考查 FTP 和 TFTP 的概念。文件传输服务（FTP，File Transfer Protocol）是因特网中最早的服务功能之一，为计算机之间双向文件传输提供了有效的手段。简单文件传输协议（TFTP）是用来传送文件的 Internet 软件程序，它比文件传输协议（FTP）使用简单，但是功能少。它通常是应用在无需用户鉴别和目录列表的情况下。TFTP 使用用户数据报（UDP），而 FTP 使用传输控制协议（TCP），这是它们之间最大的区别。正确答案为选项 D。

（17）【答案】B【解析】本题考查应用层协议的相关概念。远程登录协议 Telnet 是 TCP/IP 协议族中一个重要的协议，它能够解决多种不同的计算机系统之间的互操作问题；超文本传输协议 HTTP（Hyper Text Transfer Protocol）是 WWW 客户机与 WWW 服务器之间的应用层传输协议；网络文件系统（NFS）是一种在网络上的机器间共享文件的方法，文件就如同位于客户的本地硬盘驱动器上一样，这三种协议都属于应用层协议。地址解析协议（Address Resolution Protocol，ARP）是在仅知道主机的 IP 地址时确定其物理地址的一种协议，属于网络层协议。正确答案为选项 B。

（18）【答案】A【解析】本题考查 100 BASE-T 标准中的相关知识。100 BASE-T 标准采用介质独立接口（MII，Media Independent Interface），它将 MAC 子层与物理层分隔开来，使得物理层在实现 100Mbps 速率时所使用的传输介质和信号编码方式的变化不会影响 MAC 子层。正确答案为选项 A。

（19）【答案】B【解析】本题考查交换机端口的概念。对于 10Mbps 的端口，半双工端口带宽为 10Mbps，而全双工端口带宽为 20Mbps；对于 100Mbps 的端口，半双工端口带宽为 100Mbps，而全双工端口带宽为 200Mbps。题目中有 4 个 100Mbps 全双工端口和 20 个 10Mbps 半双工端口，则最高速率可以达到 100Mbps×4×2+10×20Mbps=1000Mbps。正确答案为选项 B。

（20）【答案】C【解析】本题考查 1000 BASE-T 标准的相关概念。1000 BASE-T 标准使用 5 类非屏蔽双绞线，双绞线长度最长可以达到 100 米。正确答案为选项 C。

（21）【答案】D【解析】本题考查组建局域网的知识。题目告诉我们有 14 台个人计算机与 2 台服务器，这要占用 16 个端口。另外，该局域网还要与公司的局域网交换机连接，因此还需要一个端口。由此可知，交换机至少拥有 17 个端口，排除选项 A 和 B。因为局域网既要连接服务器，还要连接公司局域网，因此我们至少要有 3 个 10/100Mbps 端口，以保证速度，选项 D 性价比最高。正确答案为选项 D。

（22）【答案】C【解析】本题考查 VLAN 的特点。VLAN 是建立在交换技术基础上的，将网络上的结点按工作性质与需要划分成若干个"逻辑工作组"，则一个逻辑工作组就是一个 VLAN，选项 A 说法正确。VLAN 是建立在局域网交换机或 ATM 交换机之上的，也以软件方式来实现逻辑工作组的划分与管理，逻辑工作组的节点组成不受物理位置的限制，选项 B 说法正确。同一逻辑工作组的成员不一定要连接在同一个物理网段上，他们可以连接在同一个局域网交换机上，也可以连接在不同的局域网交换机上，只要这些交换机是互连的，选项 C 说法错误。当一个节点从一个逻辑工作组转移到另一个逻辑工作组时，只需要通过软件设定，而不需要改变它在网络中的物理位置，选项 D 说法正确。正确答案为选项 C。

（23）【答案】C【解析】本题考查常见网卡的相关知识。网卡是网络接口卡（NIC, Network Interface Card）简称，它是构成网络的基本部件。网卡一方面连接局域网中的计算机，另一方面连接局域网中的传输介质。适用于非屏蔽双绞线的网卡应提供 RJ-45 接口；适用粗缆的网卡应提供 AUI 接口；适用细缆的网卡应提供 BNC 接口；适用于光纤的网卡应提供光纤的 F/O 接口。正确答案为选项 C。

（24）【答案】B【解析】本题考查综合布线系统的相关概念。建筑物综合布线系统一般具有很好的开放式结构，其传输介质主要采用非屏蔽双绞线与光纤混合结构。正确答案为选项 B。

（25）【答案】D【解析】本题考查无线局域网标准 IEEE 802.11 的相关概念。802.11 定义了使用红外、跳频扩频与直接序列扩频技术，数据传输速率为 1Mbps 或 2Mbps 的无线局域网标准。802.11b 定义了使用跳频扩频技术，传输速率为 1、2、5.5 与 11Mbps 的无线局域网标准。802.11a 将传输速率提高到 54Mbps。目前还不能达到 100Mbps，正确答案为选项 D。

（26）【答案】D【解析】本题考查文件 I/O 的相关知识。文件系统负责管理在硬盘和其他大容量存储设备中存储的文件。操作系统所以能够找到磁盘上的文件，是因为有磁盘上的文件名与存储位置的记录。在 DOS 里，它叫做文件表 FAT（file allocation table），选项 A 说法正确。Windows 里，叫做虚拟文件表 VFAT（virtual file allocation table），选项 B 说法正确。NTFS 是 NT 具有可恢复性的文件系统，选项 C 说法正确。在 OS/2 里，叫做高性能文件支持系统 HPFS（high performance file system），而不是 HP 具有安全保护的文件系统，选项 D 说法正确。正确答案为选项 D。

（27）【答案】A【解析】本题考查网络操作系统的相关概念。NOS 是使连网计算机能够方便而有效地共享网络资源，为网络用户提供所需的各种服务的软件与协议的集合。网络操作系统的基本任务就是：屏蔽本地资源与网络资源的差异性，为用户提供各种基本网络服务功能，完成网络共享系统资源的管理，并提供网络系统的安全性服务，选项 A 说法正确。有些网络操作系统提供目录服务，比如文件服务器能为网络用户提供完善的数据、文件和目录服务，但并不是所有的网络操作系统都要提供目录服务，选项 B 说法错误。网络操作系统涉及到网络的安全性，要比单机操作系统安全性低，选项 C 说法错误。网络操作系统中部分客户机和服务的软件可以互换，但大部分软件是不可以互换的，选项 D 说法错误。正确答案为选项 A。

（28）【答案】C【解析】本题考查 Windows 2000 的相关概念。活动目录服务是 Windows 2000 Server 最重要的新功能之一，它可将网络中各种对象组织起来进行管理，方便了网络对象的查找，加强了网络的安全性，并有利于用户对网络的管理，活动目录服务具有可扩展性和可调整性，选项 A 说法正确。域仍然是 Windows 2000 Server 的基本管理单位，但是增加了许多新的功能，比如活动目录服务可以把域划分成组织单元，组织单元是一个逻辑单位，选项 B 说法正确。在 Windows 2000 网络中，所有的域控制器之间都是平等的关系，不再区分主域控制器与备份域控制器，选项 C 说法错误。新一代的活动目录服务增强了信任关系，域之间通过认证可以传递信任关系，选项 D 说法正确。正确答案为选项 C。

（29）【答案】A【解析】本题考查 NetWare 容错系统的概念。NetWare 操作系统的系统容错技术是非常典型的，系统容错技术主要是：三级容错机制、事务跟踪系统、UPS 监控，选项 A 说法正确。三级容错机制中第一级系统容错（SFTⅠ）主要是针对硬盘表面磁介质可能出现的故障设计的，用来防止硬盘表面磁介质因频繁进行读写操作而损坏造成的数据丢失，选项 B 说法错误。第二级系统容错（SFTⅡ）主要是针对硬盘或硬盘通道故障设计的，用来防止硬盘或硬盘通道故障造成数据丢失，选项 C 说法错误。SFTⅡ包括硬盘镜像与硬盘双工功能，第三级系统容错（SFTⅢ）提供了文件服务器镜像功能，选项 D 说法错误。NetWare 的三级容错机制是 NetWare 区别与其他网络操作系统的重要特征。正确答案为选项 A。

（30）【答案】C【解析】本题考查 Linux 的相关概念。Linux 操作系统与 Windows NT、NetWare、Unix 等传统网络操作系统最大的区别是：Linux 开放源代码，选项 A 说法正确。Linux 操作系统具有先进的网络能力，可以通过 TCP/IP 协议与其他计算机连接，通过网络进行分布式处理，选项 B 说法正确。Linux 支持 Intel、Alpha 和 Sparc 平台和大多数的应用软件，选项 C 说法错误。Linux 提供强大的应用开发环境，选项 D 说法正确。正确答案为选项 C。

（31）【答案】C【解析】本题考查 Unix 的相关概念。1969 年，AT&T 公司贝尔实验室永 PDP-7 的汇编指令编写了 Unix 的第一个版本，1981 年加州大学伯克利分校推出了伯克利版本，选项 A 说法错误。早期的 Unix 是用汇编语言编写，现在的 Unix 主要使用 C 语言编写的，选项 B 说法错误。Unix 系统提供功能强大的 Shell 编程语言，选项 C 说法正确。Unix 系统采用的树形文件系统，具有良好的安全性、保密性和可维护性，选项 D 说法错误。正确答案为选项 C。

（32）【答案】D【解析】本题考查 Internet 中相关设备的概念。服务器就是因特网服务与信息资源的提供者；客户机是因特网服务和信息资源的使用者；防火墙是设置在不同网络（如可信任的企业内部网和不可信的公共网）或网络安全域之间的一系列部件的组合，来实现网络的安全保护；路由器（在因特网中有时也称网关）是因特网中最重要的设备，它是网络与网络之间连接的桥梁。正确答案为选项 D。

（33）【答案】B【解析】本题考查 IP 协议的概念。IP 协议作为一种互联网协议，运行于网络层，它屏蔽各个物理网络的细节和差异，使网络层向上提供统一的服务，选项 D 说法正确。运行 IP 协议的网络层可以为其高层用户提供如下 3 种服务：不可靠的数据投递服务，选项 B 说法错误；面向无连接的传输服务，选项 C 说法正确；尽最大努力投递服务，选项 A 说法正确。正确答案为选项 B。

（34）【答案】B【解析】本题考查特殊的 IP 地址形式。IP 具有两种广播地址形式，一种叫直接广播地址，另一种叫有限广播地址。直接广播地址包含一个有效的网络号和一个全"1"的主机号，其作用是因特网上的主机向其他网络广播信息。32 位全为"1"的 IP 地址（255.255.255.255）叫做有限广播地址，用于本网广播。它将广播限制在最小的范围内，选项 B 正确。除了网络地址、广播地址和回送地址之外，有些 IP 地址（如 10.XXX.XXX.XXX、192.168.XXX.XXX 等）是不分配给特定因特网用户的，用户可以在本地的内部互联网中使用这些 IP 地址，称为本地地址。A 类网络地址 127.0.0.0 是一个保留地址，用于网络软件测试以及本地机器进程间通信。这个 IP 地址叫做回送地址。正确答案为选项 B。

（35）【答案】D【解析】本题考查 IP 数据包传输的概念。IP 数据包在传输的过程中，路由器 S 接收到该数据包，并判断目的网络 10.0.0.0 是否与自己属同一网络，显然不在同一网络。路由器 S 必须将 IP 数据包投递给另一路由器，所以路由器 S 的路由表中对应目的网络 10.0.0.0 的下一跳步 IP 地址应为另一路由器的前端地址，所以本题正确答案为 40.0.0.7。正确答案为选项 D。

（36）【答案】A【解析】本题考查 Internet 域名服务的基本概念。当主机因特网应用程序接收到用户输入的域名时，它首先向自己已知的那台域名服务器发出查询请求，选项 A 说法错误。在因特网中，对应于域名结构，名字服务器也构成一定的层次结构，这个树型的域名服务器的逻辑结构是域名解析算法赖以实现的基础，选项 B 说法错误。域名解析借助于一组既独立又协作的域名服务器完成，每一域名服务器都至少知道根服务器地址及其父结点服务器地址，选项 C 说法正确。域名分析可以有两种方式，第一种叫递归解析，要求名字服务器系统一次性完成全部名字—地址变换。第二种叫反复解析，每次请求一个服务器，不行再请求别的服务器，选项 D 说法正确。正确答案为选项 A。

（37）【答案】B【解析】本题考查电子邮件的相关知识。电子邮件应用程序在向邮件服务器传送邮件时使用简单邮件传输协议（SMTP，Simple Mail Transfer Protocol），而从邮件服务器的邮箱中读取时可以使用 POP3（Post Office Protocol）协议或 IMAP（Interactive Mail Access Protocol）协议。电子邮件服务器之间相互传递邮件通常使用的协议为 SMTP。FTP 是文件传输协议，SNMP 是简单网络管理协议。正确答案为选项 B。

（38）【答案】C【解析】本题考查远程登录服务的相关概念。远程登陆使用 Telnet 协议，网络虚拟终端 NVT 格式将不同的用户本地终端的格式统一起来，使得各个不同的用户终端格式只跟标准的网络虚拟终端 NVT 格式打交道，而与各种不同的本地终端格式无关。通过 TCP 连接，Telnet 客户机进程与 Telnet 服务器进程之间采用了网络虚拟终端 NVT 标准来进行通信，因此客户端和服务器端都需要实现 NVT。正确答案为选项 C。

（39）【答案】B【解析】本题考查 HTML 的概念。WWW 服务器中所存储的页面是一种结构化的文档，采用超文本标记语言（HTML，Hypertext Markup Language）书写而成。HTML 文档的主要特点就是可以包含指向其他文挡的链接项，即其他页面的 URL，选项 A 说法正确。HTML 可以将声音、图像、视频等多媒体信息集成在一起，并不是压缩在一个文件中，选项 B 说法错误。HTML 是 Internet 上的通用信息描述方式，选项 C 说法正确。符合 HTML 规范的文件一般具有.htm 或.html 后缀，选项 D 说法正确。正确答案为选项 B。

（40）【答案】A【解析】本题考查 WWW 服务的相关概念。在 WWW 服务中，浏览器为了验证服务器的真实性需要采取的措施是浏览器在通信开始时要求服务器发送 CA 数字证书，选项 A 说法正确。正确答案为选项 A。

（41）【答案】A【解析】本题考查接入因特网的概念。对于一台独立的计算机来说，接入因特网通常采用两种方法：一种方法是通过电话线路直接与 ISP 连接，另一种方法是连接到已经接入因特网的局域网上。如果用户希望将一台计算机通过电话网接入 Internet，那么他必须使用的设备为调制解调器。正确答案为选项 A。

（42）【答案】D【解析】本题考查 IP 地址的表示。IP 地址的层次是按网络逻辑结构划分的，一个 IP 地址由两部分组成，即网络号和主机号。网络号用于识别一个逻辑网络，而主机号用于识别网络中的一台主机的一个连接。IP 地址由 32 位二进制数组成（4 个字节），但为了方便用户的理解和记忆，它采用了点分十进制标记法，即将 4 个字节的二进制数转换成 4 个十进制数值，每个数值小于等于 255，数值中间用 "." 隔开，表示成 W.X.Y.Z 的形式。选项 D 中的 257 大于 255，因此，选项 D 不是有效的 IP 地址。正确答案为选项 D。

（43）【答案】C【解析】本题考查网络性能管理的概念。性能管理功能允许网络管理者查看网络运行的好坏。性能管理包含以下 4 个步骤：收集网络管理者感兴趣的变量的性能参数；分析这些数据，判断网络是否处于正常水平并产生相应的报告；为每个重要的变量决定一个合适的性能阀值，超过该阀值就意味着出现了值得注意的网罗故障；根据性能统计数据，调整相应的网络部件的工作参数，改善网络性能。产生费用报告并不是网络性能管理的内容，正确答案为选项 C。

（44）【答案】C【解析】本题考查电信管理网的相关概念。电信管理网中主要使用的协议是公共管理信息服务/协议（CMIS/CMIP)，选项 C 正确。简单网络管理协议（SNMP）、局域网个人管理协议（LMMP）和远程网络管理协议（RMON）都不是电信管理网中主要使用的协议。正确答案为选项 C。

（45）【答案】D【解析】本题考查计算机系统的安全级别。D1 是计算机安全的最低一级。整个计算机系统是不可信任的，硬件和操作系统很容易被侵袭。D1 级的计算机系统有 DOS、Windows 3.x 及 Windows 95/98、Apple 的 System 7.x 等。达到 C2 级的常见操作系统有：Unix 系统、XENIX、Novell 3.x 或更高版本以及 Windows NT。正确答案为选项 D。

（46）【答案】D【解析】本题考查安全攻击的相关概念。安全攻击主要包括终端、截取、修改和捏造等。中断是指系统资源遭到破坏或变得不能使用，这是对可用性的攻击。

截取是指未授权的实体得到了资源的访问权，这是对保密性的攻击。修改是指未授权的实体不仅得到访问权，而且还篡改资源，这是对完整性的攻击。捏造是指未授权的实体向系统中插入伪造的对象。这是对真实性的攻击。从信源向信宿流动过程中，信息被插入一些欺骗性的消息，这种攻击属于修改攻击。正确答案为选项 D。

(47)【答案】B【解析】本题考查序列密码的相关知识。序列密码的加密过程是把报文、话音、图像、数据等原始信息转换成明文数据序列，然后将它同密钥序列进行逐位模 2 加（即异或运算），生成密文序列发送给接收者。接收者用相同密钥序列进行逐位解密来恢复明文序列。序列密码的优点是：处理速度快，实时性好；错误传播小；不易被破译；适用于军事、外交等保密信道。其缺点是：明文扩散性差；插入信息的敏感性差；需要密钥同步。正确答案为选项 B。

(48)【答案】C【解析】本题考查 RC5 加密技术的概念。Rivest Cipher 5（RC5）属于对称加密技术。RC5 在 1994 年被 Ronald Rivest 设计，是有着可变大小的块密码（32、64 或 128 位），密钥大小（0 到 2040 位）和很多轮回（0 到 255）。RC5 的分组长度和密钥长度都是可变的，选项 C 说法正确。正确答案为选项 C。

(49)【答案】D【解析】本题考查常见加密算法的知识。Elgamal 加密算法是基于离散对数的公钥密码体制，正确答案为选项 D。

(50)【答案】B【解析】本题考查密钥分发技术的概念。密钥管理的重要内容就是解决密钥的分发问题。使用公钥加密时，密钥分发有两个不同的方面：公钥分发和用公钥加密分发保密密钥。通常使用的密钥分发技术有两种：KDC 技术和 CA 技术。KDC（密钥分发中心）技术可用于保密密钥的分发，CA（证书权威机构）技术可用于公钥和保密密钥的分发，选项 B 说法正确。正确答案为选项 B。

(51)【答案】C【解析】本题考查 MD5 的相关知识。常用的摘要算法有：消息摘要 4 算法（MD4）；消息摘要 5 算法（MD5）；安全散列算法（SHA）。MD5 按 512 比特块来处理其输入，并产生一个 128 位的消息摘要。正确答案为选项 C。

(52)【答案】B【解析】本题考查防火墙技术的相关知识。防火墙是指设置在不同网络（如可信任的企业内部网和不可信的公共网）或网络安全域之间的一系列部件的组合。现在的防火墙大部分都能支持网络地址转换，选项 A 说法错误。防火墙可以布置在企业内部网和 Internet 之间，选项 B 说法正确。防火墙只是通过监测、限制、更改跨越防火墙的数据流，尽可能地对外部屏蔽网络内部的信息、结构和运行状况，并可以查、杀各种病毒，也不能过滤各种垃圾邮件，选项 C 和 D 说法错误。正确答案为选项 B。

(53)【答案】A【解析】本题考查电子商务的相关知识。电子商务活动需要有一个安全的环境基础，以保证数据在网络中传输的安全性和完整性，实现交易各方的身份认证，防止交易中抵赖的发生。电子商务安全基础结构层建立在网络基础层之上，包括 CA（Certificate Authority）安全认证体系和基本的安全技术。CA（Certificate Authority）安全认证体系主要用来参与双方为了确认对方身份。正确答案为选项 A。

(54)【答案】D【解析】本题考查 EDI 的概念。EDI 系统具有 3 个特点：EDI 是两个以上计算机应用系统之间的通信，选项 A 说法正确。计算机之间传输的信息遵循一定的语法规则与国际标准。目前，世界上广泛使用的 EDI 报文标准是由联合国 EDIFACT

（Electronic Data Interchange For Administration，Commerce and Transport）委员会主持制定的 UN/EDIFACT 报文标准，选项 B 说法正确。数据自动地投递和传输处理而不需要人工介入，应用程序对它自动响应，选项 C 说法正确。EDP（Electronic Data Processing）是电子数据处理系统，EDI 并不是电子数据处理 EDP 的基础，选项 D 说法错误。正确答案为选项 D。

（55）【答案】C【解析】本题考查电子支付的相关知识。利用 SET 安全电子交易协议保证电子信用卡卡号和密码的安全传输是目前最常用的方法之一。正确答案为选项 C。

（56）【答案】B【解析】本题考查电子政务的发展阶段。根据利用信息技术的目的和信息技术的处理能力来划分，电子政务的发展大致经历了面向数据处理、面向信息处理和面向知识处理 3 个阶段：面向数据处理阶段、、面向信息处理阶段和面向知识处理阶段。正确答案为选项 B。

（57）【答案】A【解析】本题考查电子政务分层逻辑模型的概念。整个电子政务的逻辑结构自下而上分为 3 个层次：基础设施层、统一的安全电子政务平台、电子政务应用层。网络基础设施层是为了电子政务系统提供政务信息以及其他运行管理信息的传输和交换的平台，是整个电子政务体系的最终信息承载者，是整个电子政务系统正常运行的基础，位于整个分层体系结构的最底层。统一的安全电子政务平台层是指在基础设施层的基础上，承载最终电子政务应用的软、硬件综合平台，使电子政务系统的枢纽。统一的安全电子政务平台具体包括统一的可信 Web 服务平台、统一的安全电子政务平台、统一的数据交换平台等。电子政务应用层主要是在统一的安全电子政务平台层所提供的一站式电子政务服务架构的基础上，加载和运行的一系列政务业务应用系统，是体现政务服务的关键点，也是国家电子政务系统面向最终用户的层面。正确答案为选项 A。

（58）【答案】D【解析】本题考查 B-ISDN 业务的相关概念。宽带 ISDN 的业务分为两类：交互型业务和发布型业务。交互型业务是指在用户间或用户与主机之间提供双向信息交换业务。它包括下面几种：会话性业务、消息性业务、检索性业务等。发布型业务是由网络中的某点（如信息服务中心）向其他多个位置传送单向信息流的业务。它包括以下几种：不由用户个体参与控制的发布型业务，如电视、电台等广播业务；可由用户个体参与控制的发布型业务，如传统的图文电视，它虽然也是广播业务，但信息是反复播放的。正确答案为选项 D。

（59）【答案】A【解析】本题考查 ADSL 技术的概念。一个基本的 ADSL 系统由局端收发机和用户端收发机两部分组成，收发机实际上是一种高速调制解调器。在连接中央交换局和用户端的双绞线两端都接入一个滤波器（分离器），分离承载音频信号的 4kHz 以下的低频带和 ADSL Modem 调制用的高频带。正确答案为选项 A。

（60）【答案】B【解析】本题考查 3G 的相关知识。3G 是中文 3rd generation 的英文缩写，特指第三代移动通信系统。第三代移动通信系统是一种能提供多种类型、高质量的多媒体业务，能实现全球无缝覆盖，全球漫游，与固定网络相兼容，并以小型便携式终端在任何时候、任何地点、进行任何种类的通信系统。3G 主流制式有三个，即欧洲的 WCDMA、美国的 cdma2000 和我国的 TD-SCDMA。GPRS 并不是 3G 的标准。正确答案为选项 B。

二、填空题

（1）【答案】【1】MFLOPS【解析】本题考查处理速度的表示方法。CPU 处理速度有两种常用单位的表示方法。第一种是每秒钟执行的指令条数来表示。例如每秒执行定点指令的平均数目，单位是 MIPS（Million Instruction Per Second），即每秒百万条指令。第二种用于每秒执行浮点指令的平均数目来表示的，单位是 MFLOPS（Million Floating Instruction Per Second），即每秒百万条浮点指令，常用的还有 FLOPS、GFLOPS 等。

（2）【答案】【2】静止 或 静态【解析】本题考查 JPEG 的概念。JPEG 是一种适合连续色调、多级灰度、彩色或单色、静止或静态图像的压缩标准。

（3）【答案】【3】无线【解析】本题考查计算机网络通信介质的相关知识。计算机网络采用了多种通信介质，主要分为两类：有线和无线。有线介质主要包括：电话线、双绞线、同轴电缆、光纤等；无线介质主要包括：蓝牙、红外等。

（4）【答案】【4】拥塞 或 拥挤【解析】本题考查数据传输的相关知识。计算机的数据传输具有突发性，通信子网中的负荷极不稳定，可能带来通信子网暂时与局部的拥塞现象。

（5）【答案】【5】服务【解析】本题考查 OSI 参考模型的概念。OSI 参考模型定义了开放系统的层次结构、层次之间的相互关系及各层的服务功能。

（6）【答案】【6】TCP 或 传输控制协议【解析】本题考查 TCP/IP 协议的相关概念。TCP/IP 参考模型可以分为四层：应用层、传输层、互连层、主机-网络层。传输层的 TCP 是一种面向连接的协议，它能够提供可靠的数据包传输；传输层的 UDP 是一种面向无连接的协议，它不能够提供可靠的数据包传输。

（7）【答案】【7】标记 或 label【解析】本题考查 MPLS 的概念。多协议标识交换（multi-protocol label switching，MPLS）技术的提出主要是为了更好地将 IP 协议与 ATM 高速交换技术结合起来，实现 IP 分组的快速交换。MPLS 的核心是标记交换。

（8）【答案】【8】硬件 或 ASIC 或 专用芯片【解析】本题考查三层交换机的相关知识。交换式局域网的核心是局域网交换机，使用最广泛的是以太网交换机。三层交换机是一种用硬件实现的高速路由器。

（9）【答案】【9】虚拟【解析】本题考查虚拟内存的概念。如果系统的物理内存不能满足应用程序的需要，还可以从硬盘的空闲空间生成虚拟内存以资使用。

（10）【答案】【10】Unix【解析】本题考查 Solaris 的相关知识。SUN 公司的 Solaris 是在 Unix 操作系统的基础上发展起来的。另外，HP 公司的 HP-UX，SCO 公司的 OpenServer 和 UnixWare 等都是从 Unix 操作系统的基础上发展起来的。

（11）【答案】【11】URL 或 统一资源定位符【解析】本题考查 URL 的概念。URL（统一资源定位符，Uniform Resource Locators）由三部分组成：协议类型、主机名和路径及文件名。除了通过指定 http:访问 WWW 服务器之外，还可以通过指定其他的协议类型访问其他类型的服务器。URL 可以指定的主要协议类型有 http、ftp、Gopher、telnet 和 File。在 WWW 服务中，用户可以通过使用 URL 指定要访问的协议类型、主机名和路径及文件名。

（12）【答案】【12】点分十进制【解析】本题考查 IP 地址的表示方法。将 IP 地址 4 个字节的二进制数分别转换成 4 个十进制数,这 4 个十进制数之间用"."隔开,这种 IP 地址表示法被称为点分十进制表示法。

(13)【答案】【13】204.25.62.79【解析】本题考查路由表的相关概念。IP 数据包在传输的过程中,路由器接收到该数据包,并判断目的网络是否与自己属同一网络。如果不在,路由器必须根据路由表将 IP 数据包投递给另一路由器或者丢弃,题目中目的 IP 地址为 130.3.25.8 的数据报,路由器将会查看路由表项,路由表项中第 3 条路由符合,因此将该数据转发至 204.25.62.79 路由器。正确答案为 204.25.62.79。

(14)【答案】【14】调整 或 调节【解析】本题考查性能管理的概念。从概念上讲,性能管理包括监视和调整两大功能。监视功能主要是指跟踪网络活动;调整功能是指通过改变设置来改善网络的性能。性能管理的最大作用在于帮助管理员减少网络中过分拥挤和不可通行的现象,从而为用户提供稳定的服务。

(15)【答案】【15】可用性【解析】本题考查网络安全的相关知识。网络安全的基本目标是实现信息的机密性、合法性、完整性和可用性。

(16)【答案】【16】被动【解析】本题考查通信量分析的概念。通信量分析是通过对通信量的观察(有、无、数量、方向、频率)而造成信息被泄露给未授权的实体。通信量分析可以确定通信的位置和通信主机的身份,还可以观察交换信息的频度和长度。这类安全攻击属于被动攻击。

(17)【答案】【17】目的节点 或 最终目的节点 或 接收方【解析】本题考查端到端加密方式的概念。在端到端加密方式中,由发送方加密的数据,到达目的节点才被解密。

(18)【答案】【18】服务器【解析】本题考查电子商务业务应用系统的相关知识。电子商务系统通常采用客户服务器的工作方式,采用这种方式在客户机一端通常可以使用电子钱包进行电子商务交易活动。在服务器一端的服务器软件称为电子商务支付系统,也称电子商务出纳系统,或电子柜员机系统。

(19)【答案】【19】一站式【解析】本题考查电子政务的相关知识。所谓"一站式"服务,就是服务的提供者针对特定的用户群,通过网络提供一个有统一入口的服务平台,用户通过访问统一的门户即可得到全程服务。一站式电子政务应用系统的实现流程:身份认证、服务请求和服务调度及处理。

(20)【答案】【20】分插复用器 或 ADM【解析】本题考查 SDH 网的概念。SDH 网是由一些"网络单元"组成的,这些网络单元包括各种复用器和数字交叉连接设备等。在光纤上实现同步数字传输、复用和交叉连接等功能。SDH 网的主要网络单元有终端复用器、数字交叉连接设备和分插复用器。

2008 年 4 月三级网络技术笔试试卷

（考试时间 120 分钟，满分 100 分）

一、选择题（每小题 1 分，共 60 分）

下列各题 A)、B)、C)、D) 四个选项中，只有一个选项是正确的，请将正确选项涂写在答题卡相应位置上，答在试卷上不得分。

(1) 2008 年北京奥运会有许多赞助商，其中有 12 家全球合作伙伴。以下哪个 IT 厂商不是奥委会的全球合作伙伴？

A) 微软　　　　　　B) 三星　　　　　　C) 联想　　　　　　D) 松下

(2) 在扩展的 ASCII 码中，每个数字都能用二进制数表示，例如 1 表示为 00110001，2 表示为 00110010，那么 2008 可表示为

A) 00110010 00000000 00000000 00110111

B) 00110010 00000000 00000000 00111000

C) 00110010 00110000 00110000 00110111

D) 00110010 00110000 00110000 00111000

(3) 关于主板的描述中，正确的是

A) 按 CPU 芯片分类有奔腾主板、AMD 主板

B) 按主板的规格分类有 SCSI 主板、EDO 主板

C) 按 CPU 插座分类有 AT 主板、ATX 主板

D) 按数据端口分类有 Slot 主板、Socket 主板

(4) 关于奔腾处理器体系结构的描述中，错误的是

A) 分支目标缓存器用来动态预测程序分支转移情况

B) 超流水线的特点是设置多条流水线同时执行多个处理

C) 哈佛结构是把指令和数据分别进行存储

D) 现在已经由单纯依靠提高主频转向多核技术

(5) 关于多媒体技术的描述中，正确的是

A) 多媒体信息一般需要压缩处理

B) 多媒体信息的传输需要 2Mbps 以上的带宽

C) 对静态图像采用 MPEG 压缩标准

D) 对动态图像采用 JPEG 压缩标准

(6) 关于软件开发的描述中，错误的是

A) 文档是软件开发、使用和维护中不可或缺的资料

B) 软件生命周期包括计划、开发、运行三个阶段

C) 开发初期进行需求分析、总体设计、详细设计

D) 开发后期选定编程语言进行编码

(7) 在广域网中，数据分组从源结点传送到目的结点的过程需要进行路由选择与

A) 数据加密　　　B) 地址编码　　　C) 分组转发　　　D) 用户控制

（8） 如果数据传输速率为 10Gbps，那么发送 10bit 需要用

    A）$1×10^{-6}$s   B）$1×10^{-9}$s   C）$1×10^{-12}$s   D）$1×10^{-15}$s

（9） 网络协议的三要素是语法、语义与时序。语法是关于

    A）用户数据与控制信息的结构和格式的规定

    B）需要发出何种控制信息，以及完成的动作与做出的响应的规定

    C）事件实现顺序的详细说明

    D）接口原语的规定

（10）关于 OSI 参考模型层次划分原则的描述中，错误的是

    A）各结点都有相同的层次

    B）不同结点的同等层具有相同的功能

    C）高层使用低层提供的服务

    D）同一结点内相邻层之间通过对等协议实现通信

（11）TCP/IP 参考模型的主机-网络层与 OSI 参考模型的哪一层（或几层）对应？

    A）传输层   B）网络层与数据链路层

    C）网络层   D）数据链路层与物理层

（12）传输层的主要功能是实现源主机与目的主机对等实体之间的

    A）点-点连接   B）端-端连接   C）物理连接   D）网络连接

（13）实现从主机名到 IP 地址映射服务的协议是

    A）ARP   B）DNS   C）RIP   D）SMTP

（14）如果不进行数据压缩，直接将分辨率为 640×480 的彩色图像（每像素用 24bit 表示），以每秒 25 帧显示，那么它需要占用的通信带宽约为

    A）46Mbps   B）92Mbps   C）184Mbps   D）368Mbps

（15）网络层的主要任务是提供

    A）进程通信服务   B）端-端连接服务

    C）路径选择服务   D）物理连接服务

（16）关于 QoS 协议特点的描述中，错误的是

    A）RSVP 根据需求在各个交换结点预留资源

    B）DiffServ 根据 IP 分组头的服务级别进行标识

    C）MPLS 标记是一个用于数据分组交换的转发标识符

    D）IP 协议中增加 CDMA 多播协议可以支持多媒体网络应用

（17）10Gbps Ethernet 的应用范围能够从局域网扩展到广域网是因为其物理层采用了

    A）同轴电缆传输技术   B）光纤传输技术

    C）红外传输技术   D）微波传输技术

（18）局域网参考模型将对应于 OSI 参考模型的数据链路层划分为 MAC 子层与

    A）LLC 子层   B）PMD 子层   C）接入子层   D）汇聚子层

（19）Ethernet 物件地址长度为 48 位，允许分配的物理地址应该有

    A）2^{45} 个   B）2^{46} 个   C）2^{47} 个   D）2^{48} 个

（20）关于 100 BASE-T 介质独立接口 MII 的描述中，正确的是

    A）MII 使传输介质的变化不影响 MAC 子层

B）MII 使路由器的变化不影响 MAC 子层

C）MII 使 LLC 子层编码的变化不影响 MAC 子层

D）MII 使 IP 地址的变化不影响 MAC 子层

（21）10Gbps Ethernet 工作在

  A）单工方式   B）半双工方式 C）全双工方式   D）自动协商方式

（22）局域网交换机的帧交换需要查询

  A）端口号/MAC 地址映射表   B）端口号/IP 地址映射表

  C）端口号/介质类型映射表   D）端口号/套接字映射表

（23）关于 Ethernet 网卡分类方法的描述中，错误的是

  A）可按支持的主机总线类型分类 B）可按支持的传输速率分类

  C）可按支持的传输介质类型分类 D）可按支持的帧长度分类

（24）一种 Ethernet 交换机具有 48 个 10/100Mbps 的全双工端口与 2 个 1000Mbps 的全双工端口，其总带宽最大可以达到

  A）1.36Gbps   B）2.72Gbps   C）13.6Gbps   D）27.2Gbps

（25）在建筑物综合布线系统中，主要采用的传输介质是非屏蔽双绞线与

  A）屏蔽双绞线 B）光纤   C）同轴电缆   D）无线设备

（26）关于 Windows 的描述中，错误的是

  A）它是多任务操作系统   B）内核有分时器

  C）可使用多种文件系统   D）不需要采用扩展内存技术

（27）关于网络操作系统的描述中，正确的是

  A）经历了由非对等结构向对等结构的演变

  B）对等结构中各用户地位平等

  C）对等结构中用户之间不能直接通信

  D）对等结构中客户端和服务器端的软件都可以互换

（28）关于 Windows 活动目录服务的描述中，错误的是

  A）活动目录存储了有关网络对象的信息

  B）活动目录服务把域划分为组织单元

  C）组织单元不再划分上级组织单元与下级组织单元

  D）活动目录服务具有可扩展性和可调整性

（29）关于 NetWare 网络安全的描述中，错误的是

  A）提供了三级安全保密机制

  B）限制非授权用户注册网络

  C）保护应用程序不被复制、删除、修改或窃取

  D）防止用户因误操作而删除或修改重要文件

（30）关于 Linux 的描述中，错误的是

  A）初衷是使普通 PC 能运行 Unix B）Linux 是 Unix 的一个变种

  C）Linux 支持 Intel 硬件平台   D）Linux 支持 C++编程语言

（31）关于 Unix 版本的描述中，错误的是

  A）IBM 的 Unix 是 Xenix   B）SUN 的 Unix 是 Solaris

C）伯克利的 Unix 是 Unix BSD　　　　D）HP 的 Unix 是 HP-UX

（32）关于 TCP/IP 协议特点的描述中，错误的是

A）IP 提供尽力而为的服务　　　　B）TCP 是面向连接的传输协议

C）UDP 是可靠的传输协议　　　　D）TCP/IP 可用于多种操作系统

（33）在 TCP/IP 互联网络中，为数据报选择最佳路径的设备是

A）集线器　　　　B）路由器　　　　C）服务器　　　　D）客户机

（34）主机的 IP 地址为 202.130.82.97，子网屏蔽码为 255.255.192.0，它所处的网络为

A）202.64.0.0　　　B）202.130.0.0　　　C）202.130.64.0　　　D）202.130.82.0

（35）在 TCP/IP 互联网络中，转发路由器对 IP 数据报进行分片的主要目的是

A）提高路由器的转发效率

B）增加数据报的传输可靠性

C）使目的主机对数据报的处理更加简单

D）保证数据报不超过物理网络能传输的最大报文长度

（36）路由表通常包含许多（N，R）对序偶，其中 N 通常是目的网络的 IP 地址，R 是

A）到 N 路径上下一个路由器的 IP 地址

B）到 N 路径上所有路由器的 IP 地址

C）到 N 路径上下一个网络的网络地址

D）到 N 路径上所有网络的网络地址

（37）因特网域名中很多名字含有 ".com"，它表示

A）教育机构　　　　B）商业组织　　　　C）政府部门　　　　D）国际组织

（38）用户已知的三个域名服务器的 IP 地址和名字分别为 202.130.82.97，dns.abc.edu；130.25.98.3，dns.abc.com；195.100.28.7，dns.abc.net。用户可以将其计算机的域名服务器设置为

A）dns.abc.edu　　　B）dns.abc.com　　　C）dns.abc.net　　　D）195.100.28.7

（39）将邮件从邮件服务器下载到本地主机的协议为

A）SMTP 和 FTP　　B）SMTP 和 POP3　　C）POP3 和 IMAP　　D）IMAP 和 FTP

（40）为了屏蔽不同计算机系统对键盘输入解释的差异，Telnet 引入了

A）NVT　　　　B）VPN　　　　C）VLAN　　　　D）VPI

（41）关于因特网中主机名和 IP 地址的描述中，正确的是

A）一台主机只能有一个 IP 地址

B）一个合法的外部 IP 地址在一个时刻只能分配给一台主机

C）一台主机只能有一个主机名

D）IP 地址与主机名是一一对应的

（42）为了防止第三方偷看或篡改用户与 Web 服务器交互的信息，可以采用

A）在客户端加载数字证书　　　　B）将服务器的 IP 地址放入可信站点区

C）SSL 技术　　　　D）将服务器的 IP 地址放入受限站点区

（43）关于网络配置管理的描述中，错误的是

A）可以识别网络中各种设备　　　　B）可以设置设备参数

C）设备清单对用户公开　　　　D）可以启动和关闭网络设备

（44）SNMP 协议处于 OSI 参考模型的

  A）网络层   B）传输层   C）会话层   D）应用层

（45）计算机系统具有不同的安全等级，其中 Windows NT 的安全等级是

  A）B1   B）C1   C）C2   D）D1

（46）凯撒密码是一种置换密码，对其破译的最多尝试次数是

  A）2 次   B）13 次   C）25 次   D）26 次

（47）关于 RC5 加密算法的描述中，正确的是

  A）分组长度固定   B）密钥长度固定

  C）分组和密钥长度都固定   D）分组和密钥长度都可变

（48）在认证过程中，如果明文由 A 发送到 B，那么对明文进行签名的密钥为

  A）A 的公钥 B）A 的私钥 C）B 的公钥 D）B 的私钥

（49）公钥体制 RSA 是基于

  A）背包算法 B）离散对数 C）椭圆曲线算法 D）大整数因子分解

（50）关于数字签名的描述中，错误的是

  A）可以利用公钥密码体制   B）可以利用对称密码体制

  C）可以保证消息内容的机密性 D）可以进行验证

（51）若每次打开 Word 程序编辑文档时，计算机都会把文档传送到另一台 FTP 服务器，那么可以怀疑 Word 程序被黑客植入

  A）病毒   B）特洛伊木马 C）FTP 匿名服务 D）陷门

（52）关于防火墙技术的描述中，错误的是

  A）可以支持网络地址转换   B）可以保护脆弱的服务

  C）可以查、杀各种病毒   D）可以增强保密性

（53）关于 EDI 的描述中，错误的是

  A）EDI 的基础是 EDP   B）EDI 采用浏览器/服务器模式

  C）EDI 称为无纸贸易   D）EDI 的数据自动投递和处理

（54）关于数字证书的描述中，错误的是

  A）证书通常由 CA 安全认证中心发放

  B）证书携带持有者的公开密钥

  C）证书通常携带持有者的基本信息

  D）证书的有效性可以通过验证持有者的签名获知

（55）有一种电子支付工具非常适合小额资金的支付，具有匿名性、无需与银行直接连接便可使用等特点。这种支付工具称为

  A）电子信用卡 B）电子支票 C）电子现金 D）电子柜员机

（56）在电子政务发展过程中，有一个阶段以政府内部的办公自动化和管理信息系统的建设为主要内容。这个阶段称为

  A）面向数据处理阶段   B）面向信息处理阶段

  C）面向网络处理阶段   D）面向知识处理阶段

（57）可信时间戳服务位于电子政务分层逻辑模型中的

  A）网络基础设施子层   B）信息安全基础设施子层

  C）统一的安全电子政务平台层   D）电子政务应用层

（58）ATM 采用的传输模式为

  A）同步并行通信 B）同步串行通信 C）异步并行通信 D）异步串行通信

（59）关于 xDSL 技术的描述中，错误的是

  A）VDSL 是非对称传输   B）HDSL 是对称传输

  C）SDSL 是非对称传输   D）ADSL 是非对称传输

（60）EDGE（数据速率增强型 GSM）技术可以达到的最高数据传输速率为

  A）64kbps   B）115kbps   C）384kbps   D）512kbps

二、填空题（每空 2 分，共 40 分）

  请将每一个空的正确答案写在答题卡【1】~【20】序号的横线上，答在试卷上不得分。

（1）计算机辅助工程的英文缩写是【1】。

（2）MPEG 压缩标准包括 MPEG【2】、MPEG 音频和 MPEG 系统三个部分。

（3）宽带城域网方案通常采用核心交换层、汇聚层与【3】的三层结构模式。

（4）网络拓扑是通过网中结点与通信线路之间的【4】关系表示网络结构。

（5）在层次结构的网络中，高层通过与低层之间的【5】使用低层提供的服务。

（6）IEEE 802.1 标准包括局域网体系结构、网络【6】，以及网络管理与性能测试。

（7）CSMA/CD 发送流程为：先听后发，边听边发，冲突停止，【7】延迟后重发。

（8）无线局域网采用的扩频方法主要是跳频扩频与【8】扩频。

（9）Windows 服务器的域模式提供单点【9】能力。

（10）Unix 操作系统的发源地是【10】实验室。

（11）一个路由器的两个 IP 地址为 20.0.0.6 和 30.0.0.6，其路由表如下所示。当收到源 IP
   地址为 40.0.0.8，目的 IP 地址为 20.0.0.1 的数据报时，它将把此数据报投递到【11】
   （要求写出具体的 IP 地址）

要到达的网络	下一路由器
20.0.0.0	直接投递
30.0.0.0	直接投递
10.0.0.0	20.0.0.5
40.0.0.0	30.0.0.7

（12）以 HTML 和 HTTP 协议为基础的服务称为【12】服务。

（13）匿名 FTP 服务通常使用的帐号名为【13】。

（14）故障管理的步骤包括发现故障、判断故障症状、隔离故障、【14】故障、记录故障的
   检修过程及其结果。

（15）网络安全的基本目标是实现信息的机密性、可用性、完整性和【15】。

（16）提出 CMIS/CMIP 网络管理协议的标准化组织是【16】。

（17）网络安全攻击方法可以分为服务攻击与【17】攻击。

（18）电子商务应用系统由 CA 安全认证、支付网关、业务应用和【18】等系统组成。

（19）电子政务的公众服务业务网、非涉密政府办公网和涉密政府办公网称为【19】。

（20）HFC 网络进行数据传输时采用的调制方式为【20】调制。

2008 年 4 月三级网络技术笔试试卷答案和解析

一、选择题

（1）【答案】A【解析】2008 年北京奥运会全球合作伙伴有：可口可乐、源讯、通用电气、柯达、联想、宏利、麦当劳、欧米茄、松下、三星、威士，其中联想、三星、松下是 IT 企业，微软不是 2008 年北京奥运会赞助商。答案选 A。

（2）【答案】D【解析】本题考查计算机中的 ASCII 码。1 表示为 00110001，2 表示为 00110010，以此类推，8 表示为 00111000，0 表示为 00110000。因此，2008 可以表示为 00110010 00110000 00110000 00111000。本题的正确答案为选项 D。

（3）【答案】A【解析】本题考查主板的种类。主板的分类方法很多，处在不同的角度，就有不同的说法。按 CPU 芯片分类有 486 主板、奔腾主板、奔腾 4 主板、AMD 主板等；按主板的规格分类有 AT 主板、Baby-AT 主板、ATX 主板等；按 CPU 插座分类有 Socket 7 主板、Slot 1 主板等；按数据端口分类有 SCSI 主板、EDO 主板、AGP 主板等。由此可见，本题应该选择 A。

（4）【答案】B【解析】本题考查奔腾芯片的技术特点，奔腾芯片的特点有：（1）超标量技术，内置多条流水线能同时执行多个处理，实质是以空间换取时间，奔腾由两条整数指令流水线和一条浮点指令流水线组成；选项 B 的说法错误（2）超流水线技术，细化了流水并提高主频，实质是以时间换取空间；（3）双 Cache 的哈佛结构，指令与数据分开存储的结构称为哈佛结构，对于保持流水线的持续流动有重要意义；（4）分支预测，为了保持流水线的较高吞吐率，奔腾芯片内置了分支目标缓存器。目前处理器芯片已经由单核发展到多核，处理性能更加优越。

（5）【答案】A【解析】本题考查多媒体技术。由于声音和图像等信息，其数字化后的数据量十分庞大，必须对数据进行压缩才能满足使用的要求，选项 A 的说法正确；JPEG 标准定义了连续色调、多级灰度、彩色或单色静止图像等国际标准；MPEG 标准包括视频、音频和系统 3 部分，它要考虑到音频和视频的同步，联合压缩后产生一个电视质量的视频和音频压缩形式的位速率为 1.5Mbps 的单一流。

（6）【答案】D【解析】本题考查软件开发的基本概念。文档是软件开发、使用维护中必备的资料。它能提高软件开发的效率、保证软件的质量，而且在软件的使用过程中有指导、帮助、解惑的作用，尤其在维护工作中，文档是不可或缺的资料。软件的生命周期包括计划、开发和运行三个阶段，在开发初期分为需求分析、总体设计和详细设计三个子阶段，在开发后期分为编码和测试两个子阶段。综上所述，选项 A、B、C 的说法都正确，因此，本题答案是选项 D。

（7）【答案】C【解析】本题考查广域网中路由器的作用。路由器在广域网中起到重要的作用，它连接两个或者多个物理网络，负责把从一个网络接收来的 IP 数据报，经过路由选择，转发到一个合适的网络中。因此，本题的正确答案是选项 C。

（8）【答案】B【解析】本题考查网络传输速率的计算。数据传输速率在数值上等于每秒钟传输构成数据代码的二进制比特数，单位是比特/秒，记做 b/s 或 bps。如果数据传输速率为 10Gbps，即网络每秒传输 $10×10^9$ 个 bit。传输 10bit 所需时间为 $10/10×10^9$ 秒，即 $1×10^{-9}$ s。因此，本题的正确答案是选项 B。

(9) 【答案】A【解析】本题考查网络协议的三要素。网络协议的三要素是语法、语义与时序，其中语法的含义是用户数据与控制信息的结构和格式的规定；语义的含义是构成协议的协议元素，即需要发出何种控制信息以及完成的动作与做出响应；时序的含义是对事件实现顺序的详细说明。因此，本题的正确答案是选项 A。

(10) 【答案】D【解析】本题考查的是 OSI 参考模型。根据分而治之的原则，ISO 将整个通信功能划分为 7 个层次，划分层次的原则是：网中各结点都有相同的层次，选项 A 的说法正确；不同结点的同等层具有相同的功能，选项 B 的说法正确；同一结点内相邻层之间通过接口通信，选项 D 的说法错误；每一层使用下层提供的服务，并向其上层提供服务，选项 C 的说法正确；不同结点的同等层按照协议实现对等层之间的通信。综上所述，本题的正确选项为 D。

(11) 【答案】D【解析】本题考查 TCP/IP 参考模型。TCP/IP 参考模型可以分为 4 个层次：应用层、传输层、连接层和主机-网络层。其中，应用层与 OSI 的应用层对应，传输层与 OSI 的传输层对应。连接层与 OSI 的网络层对应，主机-网络层与 OSI 数据链路层和物理层对应。故本题应该选 D。

(12) 【答案】B【解析】本题考查 OSI 参考模型中的传输层。OSI 传输层的主要功能是负责应用进程之间的端-端通信，TCP/IP 参考模型中设计传输层的主要目的是，在互联网中源主机与目的主机的对等实体之间建立用于会话的端-端连接，从这一点看，TCP/IP 参考模型和 OSI 参考模型的传输层中是相似的，因此本题的正确答案是 B。

(13) 【答案】B【解析】本题考查域名解析服务 DNS。主机名到 IP 地址的映射是借助于一组即独立又协作的域名服务器完成的，因特网中域名结构由 TCP/IP 协议集的域名系统（DNS, Domain Name System）定义。域名系统 DNS 的作用就是把主机名或电子邮件地址转换为 IP 地址，或者将 IP 地址转换为主机名。因此，本题的正确答案是选项 B。

(14) 【答案】C【解析】本题考查网络带宽的概念和计算。分辨率为 640×480 的彩色图像，若每个像素用 24bit 表示，则为了显示该图像，一共需要 640×480×24 个二进制 bit 位。并且该图像以每秒 25 帧显示，则每秒需要传输 640×480×24×25 个二进制 bit 位，即 184320000bit，约等于 184Mbit。因此，网络带宽就是每秒钟传输的二进制位数。所以，本题的正确答案是选项 C

(15) 【答案】C【解析】本题考查的是 OSI 参考模型中网络层的功能。根据分而治之的原则，ISO 将整个通信功能划分为 7 个层次，即物理层、数据链路层、网络层、传输层、会话层、表示层和应用层。网络层的主要任务是通过路由选择算法，为分组通过通信子网选择最适当的路径。所以，本题应该选择 C。

(16) 【答案】D【解析】本题考查 QoS 协议。资源预留协议（RSVP）支持多媒体 QoS，其根据应用的需求在各个交换结点预留资源，从而保证沿着这条通路传输的数据流能够满足 QoS 的要求；区分服务（DiffServ）是根据每一类服务进行控制，利用 IP 分组头对数据的服务级别进行标识；多协议标识交换（MPLS）技术的提出主要是为了更好地将 IP 协议与 ATM 高速交换技术结合起来，其核心是标记交换，MPLS 标记是一个用于数据分组交换的、短的、固定长度的转发标识符。所以选项 A、B、C 的说法都正确，选项 D 中 CDMA（码分多址）是一种移动通信技术，QoS 协议和 CDMA 是两个相互独立的协议，故选项 D 的说法不正确。

（17）【答案】B【解析】本题考查 10Gbps Ethernet。10Gbps Ethernet 的数据速率高达 10Gbps，因此 10Gbps Ethernet 的传输介质不再使用铜线和双绞线，而只使用光纤。它使用长距离的光收发器和单模光纤接口，以便能在广域网和城域网的范围内工作。答案选 B。

（18）【答案】A【解析】本题考查的是局域网的模型和协议。局域网使用的是 IEEE802 模型，该模型将 OSI 模型中的数据链路层划分为两次，分别是逻辑链路控制子层 LLC 和介质访问控制子层 MAC。因此，本题的正确答案是选项 A。

（19）【答案】C【解析】本题考查 Ethernet 物理地址。典型的 Ethernet 物理地址长度为 48 位（6 个字节），允许分配的 Ethernet 物理地址应该有 2^{47} 个，这个物理地址数量可以保证全球所有可能的 Ethernet 物理地址的需求。因此，本题的正确答案是答案选 C。

（20）【答案】A【解析】本题考查 100 BASE-T 介质独立接口 MII 。100Base-T 标准采用了介质独立接口 MII（Media Independant Interface），将 MAC 子层与物理层分隔开，使得物理层在实现 100Mbps 速率时所使用的传输介质和信号编码的变化不会影响到 MAC 子层。因此，本题的正确答案是选项 A。

（21）【答案】C【解析】本题考查的是 10Gbps Ethernet 的特点。10Gbps Ethernet 的传输介质不再使用铜质的双绞线，而只使用光纤；它只工作在全双工方式，不存在争用问题，因此其传输距离（范围）不再受冲突检测的限制。故本题应该选择 C。

（22）【答案】A【解析】本题考查局域网的交换机。局域网交换机利用"端口/MAC 地址映射表"进行数据交换，该表的建立和维护十分重要，交换机利用"地址学习"方法来动态建立和维护端口/MAC 地址映射表。因此，本题的正确答案是选项 A。

（23）【答案】D【解析】本题考查 Ethernet 网卡的分类方法。网卡也称为网络适配器或者网络接口卡（NIC，Network Interface Card），它是构成网络的基本部件之一，一方面连接局域网计算机，另一方面连接局域网的传输介质。网卡的分类方法有：（1）按照网卡支持的计算机种类主要分为：标准以太网与 PCMCIA 网卡；（2）按照网卡支持的传输速率分为：普通 10Mbps 网卡、高速 100Mbps 网卡、10/100Mbps 自适应网卡、1000Mbps 网卡；（3）按照网卡支持的传输介质类型分为：双绞线网卡、粗缆网卡、细缆网卡、光纤网卡。网卡没有按帧长度分类的方法，因此，本题的正确答案是选项 D。

（24）【答案】C【解析】本题考查 Ethernet 交换机带宽的计算。对于 10/100Mbps 的端口，交换机自动侦测所连接的网卡速率是 10Mbps 还是 100Mbps 来决定使用哪种速率工作。10Mbps 时，半双工端口带宽为 10Mbps，全双工端口带宽为 20Mbps；100Mbps 时，半双工端口带宽为 100Mbps，全双工端口带宽为 200Mbps。对于 1000Mbps 的端口，半双工端口带宽为 1000Mbps，全双工端口带宽为 2000Mbps。题目中有 48 个 10/100Mbps 的全双工端口和 2 个 1000Mbps 的全双工端口，则最高速率可以达到 200Mbps×48+2000Mbps×2=13600Mbps≈13.6Gbps。所以本题应该选择 C。

（25）【答案】B【解析】本题考查的是建筑物综合布线的特点。建筑物综合布线系统一般具有很好的开放式结构，采用模块化结构，具有良好的可扩展性、很高的灵活性等特点。传输介质主要采用非屏蔽双绞线与光纤混合结构，可以连接建筑物及建筑物群中的各种设备与网络系统，包括语音、数据通信设备、交换设备、传真设备和局域网系统。所以，本题应该选择 B。

（26）【答案】D【解析】本题考查 Windows 操作系统。Windows 是多任务操作系统，它们允许多个程序同时运行；Window 的内核含有分时器，它在激活的应用程序中分配处理器时间；Windows 支持多种文件系统，包括 FAT、FAT32 和 NTFS；因此选项 A、B、C 的说法都正确。而选项 D 中，Windows 不需要采用扩展内存技术错误，Windows 的内存管理复杂，采用了扩展内存技术，如果系统不能提供足够的实内存来满足一个应用程序的需要，虚拟内存管理程序就会介入来弥补不足。因此，本题的正确答案是选项 D。

（27）【答案】B【解析】本题考查网络操作系统。网络操作系统经历了从对等结构向非对等结构演变的过程；在对等结构网络操作系统中，所有的联网结点地位平等，任意两个节点之间可以直接实现通信，所以，选项 B 的说法正确；安装在每个网络节点的操作系统软件相同每台联网的计算机都可以分为前台方式和后台方式，前台为本地用户提供服务，后台为其他结点的网络用户提供服务，前台服务和后台服务的软件不可互换。因此，本题的正确答案是选项 B。

（28）【答案】C【解析】本题考查 Windows 活动目录。活动目录是 Window 2000 Server 最重要的新功能之一，它存储有关网络对象的信息，如用户、组、计算机、共享资源、打印服务等，并使管理员和用户可以方便地查找和使用这些网络信息；通过 Window 2000 Server 的活动目录，用户可以对用户与计算机、域、信任关系及站点与服务进行管理，活动目录有可扩展性和可调整性；活动目录把域详细划分为组织单元，组织单元是一个逻辑单位，它是域中一些用户和组、文件与打印服务等资源对象的集合；组织单元又可再划分为下级组织单元，下级组织单元能够继承父单元的访问许可权，选项 C 的说法错误。因此，本题的正确答案是选项 C。

（29）【答案】A【解析】本题考查 NetWare 网络操作系统。NetWare 网络操作系统由 Novell 公司开发研发的网络操作系统，NetWare 的网络安全机制主要解决以下几个问题：限制非授权用户注册网络并访问网络文件；防止用户查看他不应该查看的网络文件；保护应用程序不被复制、删除、修改或被窃取；防止用户因为误操作而删除或修改不应该修改的重要文件。因此选项 B、C、D 的说法均正确。NetWare 的系统容错技术主要有：三级容错机制（不是三级保密机制，选项 A 的说法错误）、事物跟踪系统和 UPS 监控。

（30）【答案】B【解析】本题考查的是 Linux 的一些基本概念。Linux 操作系统是一个免费的软件包，可将普通的 PC 变成装有 Unix 系统的工作站，选项 A 的说法正确；Linux 虽然和 Unix 操作系统类似，但并不是 Unix 的变种，是完全重新编码的操作系统，Linux 从开发初期，内核代码就是仿 Unix 的，几乎所有 Unix 的工具与外壳都可以运行在 Linux 上，选项 B 的说法错误；Red Hat Linux 支持 Intel、Alpha 和 Sparc 平台和大多数应用软件，选项 C 的说法正确；支持 C++编程语言，选项 D 的说法正确。因此，本题的正确答案是选项 B。

（31）【答案】A【解析】本题考查的是 Unix 的版本。1969 年贝尔实验室的人员编写了 Unix 的第一个版本 V1，1981 年 AT&T 发表了 Unix 的 System3，同年加州伯克利分校在 VXA 及其上推出了 Unix 的伯克利版本，即常说的 Unix BSD 版。目前各大公司的主要版本有：IBM 公司的 AIX 系统（选项 A 的说法错误）、Sun 公司的 Solaris 系统及 HP 公司的 HP-UX 系统。因此，本题的正确答案是选项 A。

（32）【答案】C【解析】本题考查的是 TCP/IP 协议的特点。IP 提供尽力而为的服务，IP 并不随意丢弃数据报，只有当系统资源用尽、接收数据错误或网络出现故障等状态下，才不得不丢弃报文；传输控制协议（TCP）和用户数据报协议（UDP）运行于传输层，TCP 提供可靠的、面向连接的、全双工的数据流传输服务，而 UDP 则提供不可靠的无连接的传输服务，选项 C 的说法错误。TCP/IP 是一个协议集，可用于多种操作系统。

（33）【答案】B【解析】本题考查网络设备的功能。集线器只用于网络信号的再生和转变；服务器是一台高性能的计算机，用于向网络中的用户提供各种服务；客户机通常是一台个人计算机，作为上网终端；路由器是网络层的互联设备，它在因特网中起到重要的作用，它连接两个或者多个物理网络，负责将重一个网络接收来的 IP 数据报，经过路由选择，转发到一个合适的网络中。因此，本题的正确答案是选项 B。

（34）【答案】C【解析】本题考查的是子网地址与子网屏蔽码。IP 地址分为网络号和主机号两部分，它们用子网屏蔽码来区分。主机号部分在子网屏蔽码中用"0"（二进制）表示；网络号部分用"1"表示。所以本题的子网屏蔽码 255.255.192.0 也就是二进制 11111111.11111111.11000000.00000000，表示 IP 地址的前 18 位代表网络号，后 14 位代表主机号。题目中十进制 IP 地址 202.130.82.97 转换为二进制 IP 地址是 11001010.10000010.01010010.01100001，其中网络号是前 18 位，即 11001010.10000010.01000000.00000000，把它转换为十进制 IP 地址是 202.130.64.0。本题的正确答案是选项 C

（35）【答案】D【解析】本题考查报文的分片和重组控制。由于利用 IP 进行互联的各个物理网络所能处理的最大报文长度有可能不同，所以 IP 报文在传输和转发的过程中有可能被分片。本题的正确答案是选项 D。

（36）【答案】A【解析】本题考查路由器路径选择的实现。路由器根据路由表来选择报文传输路径，路由表里通常包含许多（N，R）对序偶，其中 N 通常是目的网络的 IP 地址，R 是到 N 路径上下一个路由器的 IP 地址。因此，本题的正确答案是选项 A。

（37）【答案】B【解析】本题考查 Internet 中的顶级域名。因特网中域名结构由 TCP/IP 协议集的域名系统（DNS，Domain Name System）进行定义。DNS 把因特网划分成多个顶级域，并规定了国际通用域名，其中教育机构的顶级域名为 edu；商业组织的定义域名是 com；政府部门的顶级域名是 gov；国际组织的顶级域名是 int。因此，本题的正确答案是选项 B。

（38）【答案】D【解析】本题考查域名解析的实现。请求域名解析的软件至少知道如何访问一个域名服务器，而每个域名服务器至少知道根服务器 IP 地址及其父节点服务器，这样可以 直查找下去，直到查到对应主机名的 IP 地址。在本题中，用户级计算机首先需要设置第一个域名服务器的 IP 地址,而选项当中只有选项 D 是一个 IP 地址,因此本题的正确答案是选项 D。

(39)【答案】C【解析】本题考查电子邮件服务。电子邮件应用程序向邮件服务器传送邮件,或邮件服务器之间的邮件传送都是使用简单邮件传输协议(SMTP,Simple Mail Transfer Protocol),而从邮件服务器的邮箱中读取时可以使用 POP3(Post Office Protocol)协议或 IMAP(Interactive Mail Access Protocol)协议。所以,本题的 4 个选项中,只有选项 C 是正确的。

(40)【答案】A【解析】本题考查 Telnet。Telnet 是 TCP/IP 协议中重要的协议,它为引入网络虚拟终端(NVT)提供了一种标准的键盘定义,用于屏蔽不同计算机系统对键盘输入的差异性,解决了不同计算机系统之间互操作问题。因此,本题的正确答案是选项 A。

(41)【答案】B【解析】本题考查 IP 地址和主机名的关系。在网络中,一个 IP 地址只能对应一台主机,反之,一台主机不一定对应一个地址。当一个主机同时连接到两个或两个以上的网络时,它就有多个 IP 地址,因此选项 A 的说法是错误的。IP 地址可以进行动态分配,分配原则是在任意一个时刻,一个 IP 地址只能分配给一台主机。因此,选项 B 的说法是正确的。用户可以为每台计算机起一个主机名,主机名可以根据用户的喜好随意设置,因此网络中可能存在重名的主机名,当有主机名重名时,IP 地址与主机名是不可能一一对应的,因此,选项 C 和选项 D 的说法也是错误的。本题的正确答案是选项 B。

(42)【答案】C【解析】本题考查 SSL 协议。SSL 协议(Security Socket Layer,安全套接层协议)是基于 Web 应用的安全协议,该协议提供了用户和 Web 服务器的鉴别、数据完整性和信息机密性等安全措施。因此,本题的正确答案是选项 C。

(43)【答案】C【解析】本题考查网络配置管理。配置管理的内容分为对设备的管理和对设备的连接关系的管理两部分,对设备的管理包括:识别网络中的各种设备,确定设备的地理位置、名称和有关细节,记录并维护设备参数表;用适当的软件设置参数值和配置设备功能;初始化、启动和关闭网络或网络设备;配置管理能够利用统一的界面对设备进行配置,生成并维护网络设备清单,网络设备清单应该被保密,如果被有恶意的人得到可能会在许多方面对网络造成危害。因此,本题的正确答案是选项 C。

(44)【答案】D【解析】本题考查简单网络管理协议 SNMP。SNMP 是专门设计用于在 IP 网络管理网络节点(服务器、工作站、路由器、交换机及 HUBS 等)的一种标准协议,它是一种应用层协议。SNMP 使网络管理员能够管理网络效能,发现并解决网络问题以及规划网络增长。因此,SNMP 位于 OSI 参考模型中的应用层。本题的正确答案是选项 D。

(45)【答案】C【解析】本题考查安全级别。D1 是计算机安全的最低一级,整个计算机系统是不可信任的,硬件和操作系统很容易被侵袭。D1 级的计算机系统有 DOS、Windows 3.x 及 Windows 95/98、Apple 的 System 7.x 等。C2 级称为受控的访问控制,包括所有的 C1 级特征,C2 级具有限制用户执行某些命令或访问某些文件的权限,还加入了身份认证级别。达到 C2 级的常见操作系统有:Unix 系统、XENIX、Novell

3.x 或更高版本以及 Windows NT。因此，本题的正确答案是选项 C。

(46)【答案】C【解析】本题考查置换密码。置换密码中，每个或每组字母由另一个或另一组伪装字母所替换，最古老的置换密码是凯撒密码，它的密钥空间只有 26 个字母，最多尝试 25 次即可知道密钥。因此，本题的正确答案是选项 C。

(47)【答案】D【解析】本题考查 RC5 加密算法。RC5 是对称加密算法，其特点是分组长度和密钥长度都是可变的。RC5 加密算法可以在速度和安全性之间进行折中。因此，本题的正确答案是选项 D。

(48)【答案】B【解析】本题考查认证过程。在数字签名认证过程中，数字签名使用公钥密码体制中的认证模型，发送者使用自己的私钥加密信息，接收者使用发送者的公钥解密信息。因此，本题的正确答案是选项 B。

(49)【答案】D【解析】本题考查公钥体制 RSA 的基本概念。公钥体制的安全基础主要是数学中的难题问题，流行的有两大类：一类基于大整数因子分解问题，如 RSA 体制；另一类基于离散对数问题，如 Elgamal 体制、椭圆曲线密码体制等。因此，本题的正确答案是选项 D。

(50)【答案】C【解析】本题考查数字签名。数字签名可以利用公钥密码体制、对称密码体制和公证系统实现。最常见的实现方法是建立在公钥密码体制和单向安全散列算法的组合基础之上，在提供数据完整性的同时，也保证数据的真实性；常用的公钥数字签名算法有 RSA 算法和数字签名标准算法（DSS）；数字签名可以进行验证，但数字签名没有提供消息内容的机密性。因此，本题的正确答案是选项 C。

(51)【答案】B【解析】本题考查计算机病毒。特洛伊木马是攻击者在正常的软件中隐藏一段用于其他目的的程序，这段隐藏的程序段通常以安全攻击作为其最终目标。在本题中，特洛伊病毒被植入到 Word 中，用户编辑 Word 时，病毒就会把文档传送到另一台 FTP 服务器，植入特洛伊木马的黑客就可以看到该用户的文档，因此 Word 被植入了特洛伊木马。陷门是某个子系统或某个文件系统中设置特定的"机关"，使得在提供特定的输入数据时，允许违反安全策略。本题的正确答案是选项 B。

(52)【答案】C【解析】本题考查防火墙技术。两网对接时，可利用硬件防火墙作为设备实现地址转换（选项 A 正确）、地址映射（MAP）、网络隔离（DMZ）及存取安全控制，消除传统软件防火墙的瓶颈问题；防火墙的优点：保护脆弱的服务（选项 B 正确）、控制对系统的访问、集中的安全管理、增强的保密性（选项 D 正确）、记录和统计网络利用数据以及非法使用数据、策略执行。因此，本题的正确答案是选项 C。

(53)【答案】B【解析】本题考查 EDI 的特点。EDI（Electronic Data Interchange，电子数据交换，俗称无纸贸易）是为商务或行政事务处理，按照一个公认的标准，形成结构化的事物处理或消息报文根式，从计算机到计算机的数据传输方法。电子数据处理 EDP 是实现 EDI 的基础和必要条件。EDI 数据自动地投递和传输处理而不需要人工介入，应用程序对它自动响应。综上所述，选项 A、选项 C 和选项 D 的说法都正确。EDI 用户之间采用专用 EDI 平台进行数据交换，而不采用浏览器/服务器模式，选项 B 的说法错误。因此，本题的正确答案是选项 B。

(54)【答案】D【解析】本题考查数字证书。数字证书是签名文档，标记特定对象的公开密钥，它由权威机构 CA，又称为证书授权中心发行签发，选项 A 说法正确。人们可以在网上用它来识别对方的身份。数字证书是包含公开密钥拥有者信息以及公开密钥的文件，选项 B 和选项 C 说法正确。因此，本题的正确答案是选项 D。

（55）【答案】C【解析】本题考查电子现金的特点。与人们熟悉的现金、信用卡和支票相似，电子支付工具包括了电子现金、电子信用卡和电子支票等。电子现金具有多用途、灵活使用、匿名性、快速简便的特点，无需直接与银行连接便可使用，适用于小额交易。因此，本题的正确答案是选项 C。

（56）【答案】A【解析】本题考查电子政务的发展历程。电子政务的发展经历了面向数据处理、面向信息处理和面向知识处理 3 个阶段。面向数据处理的电子政务主要集中在 1995 年以前，以政府办公网的办公自动化和管理系统的建设为主要特征；面向信息处理，以网络为中心建立通信基础平台，有效地提高了政府的办公效率和管理质量；面向知识处理阶段就是我们现在所处的阶段，从客观上要求政府部门改变自身的信息管理，通过不断学习来提高政府的决策效率。因此，本题的正确答案是选项 A。

（57）【答案】B【解析】本题考查电子政务的逻辑结构。整个电子政务的逻辑结构自下而上分为 3 个层次，它们是基础设施层、统一的安全电子政务平台层和电子政务应用层。其中，基础设施层包括两个子层，即网络基础设施子层和信息安全基础设施子层。信息安全基础设施子层以公钥基础设施（PKI）、授权管理基础设施（PMI）、可信时间戳服务系统和安全保密管理系统等为重点。因此，本题的正确答案是选项 B。

（58）【答案】B【解析】本题考查 ATM 技术。ATM 是以信元为基础的一组分组和复用技术，是一种为多种业务涉及的通用的面向连接的传输模式。在 ATM 的传输模式中，信息被组织成"信元"，来自某用户信息的各个信元不需要周期出现。而实际上，信元中的每个位常常是同步定时发送的，即通常所说的"同步串行通信"。因此，本题的正确答案是选项 B。

（59）【答案】C【解析】本题考查 xDSL 技术。xDSL 技术按照上行和下行的速率是否相同可分为对称型和非对称型两种，对称型的有：HDSL、SDSL、IDSL；非对称型的有 ADSL、VDSL、RADSL。因此，本题的正确答案是选项 C。

（60）【答案】B【解析】EDGE（数据速率增强型 GSM）接入技术是一种提高 GPRS 信道编码效率的高速移动数据标准，数据传输速率最高达 115 kbps。因此，本题的正确答案是选项 B。

二、填空题

（1）【答案】【1】CAE【解析】本题考查计算机术语。计算机辅助工程的英文缩写是 CAE，Computer Aided Engineering。计算机辅助工程包括计算机辅助设计 CAD，计算机辅助制造 CAM，计算机辅助工程 CAE，计算机辅助教学 CAI，计算机辅助测试 CAT 等。答案为：CAE。

（2）【答案】【2】视频【解析】本题考查的是 MPEG 压缩标准。MPEG（Moving Picture Experts Group）是 ISO/IEC 委员会的第 11172 号标准草案，包括 MPEG 视频、MPEG 音频和 MPEG 系统三部分。

（3）【答案】【3】接入层【解析】本题考查城域网的特点。城域网建设方案有以下几个共同点：传输介质采用光纤；交换节点采用基于 IP 交换的高速路由交换机或 ATM 交换机；在体系结构上采用核心交换层、业务汇聚层与接入层的三层模式。因此，答案是接入层。

（4）【答案】【4】几何【解析】本题考查网络拓扑结构的概念。网络拓扑是通过网中结点与通信线路之间的几何关系表示网络结构。因此，答案是几何。

（5）【答案】【5】接口【解析】本题考查网络的层次模型。在层次结构的网络中，各层之间相互独立，高层并不需要知道低层是如何实现的，仅需知道该层通过层间的接口所提供的服务，上层通过接口使用低层提供的服务。因此，答案是接口。

（6）【答案】【6】互联【解析】本题考查 IEEE 802 标准。IEEE802 有 11 条标准，其中 IEEE 802.1 标准包括概述、网络体系结构和网络互联，以及网络管理和性能测试。因此，答案是互联。

（7）【答案】【7】随机【解析】本题考查 CSMA/CD 的基本概念。Ethernet（以太网）的核心技术是它的随机争用型介质访问控制方法，即带有冲突检测的载波侦听多路访问 CSMA/CD（Carrier Sense Multiple Access with Collision Detection）方法。CSMA/CD 的发送流程可以简单地概括为四点：先听后发，边听边发，冲突停止，随机延迟后重发。因此，答案是随机。

（8）【答案】【8】直接序列 或 DSSS【解析】本题考查无线局域网的扩频方法。无线局域网采用的扩频方法主要是跳频扩频（FHSS）技术与直接序列扩频技术（DSSS）技术。因此，答案是直接序列或 DSSS。

（9）【答案】【9】登录【解析】本题考查 Windows 操作系统的域模式。域模式的最大好处是单一网络登录能力，用户只需要在域中拥有一个账户，就可以在整个网络中漫游。因此，答案是登录。

（10）【答案】【10】贝尔【解析】本题考查 Unix 的基本概念。Unix 的第一个版本是在 1969 年 AT&T 公司的贝尔实验室中，用 PDP-7 的汇编指令编写而成的。所以，Unix 操作系统的发源地是贝尔实验室。

（11）【答案】【11】20.0.0.6【解析】本题考查路由选择算法。因为目的 IP 地址 20.0.0.1 的网络地址部分是 20.0.0.0，所以根据路由表中 20.0.0.0 对应的下一路由器地址进行直接投递，就是从本路由器发送出去。当前路由器的两个 IP 地址为 20.0.0.6 和 30.0.0.6，其中 20.0.0.6 的 IP 地址和数据报目的 IP 地址具有相同的网络号，因此，当前路由器把接收到的数据报投送到 20.0.0.6。

（12）【答案】【12】Web、万维网、www【解析】本题考查万维网服务。超文本和超标记是特殊的信息组织形式，是 WWW 服务的基础。WWW 服务也叫万维网服务，也叫 Web 服务。HTML（超文本标记语言）协议是 WWW 上用于创建超文本链接的基本语言，主要用于 WWW 上主页的制作与创建；HTTP（超文本传输）协议是 WWW 客户机与 WWW 服务器之间应用层的传送协议，用于管理超文本与其他超文本文档之间的链接。

（13）【答案】【13】anonymous【解析】本题考查 FTP 匿名服务。匿名 FTP 提供了一个指定的用户标识 anonymous，在 Internet 上，任何任在任何地方都可以使用。因此，匿名 FTP 服务通常使用的帐号名为 anonymous，用"gust"作为口令。故答案是

anonymous。

（14）【答案】【14】修复【解析】本题考查网络故障管理的步骤。故障管理的步骤包括发现故障、判断故障症状、隔离故障、修复故障、记录故障的检修过程及其结果。

（15）【答案】【15】合法性【解析】本题考查网络安全的基本目标。网络安全的目标是实现信息的机密性、可用性、完整性和合法性。

（16）【答案】【16】ISO、国际标准化组织【解析】本题考查 CMIS/CMIP 网络管理协议。CMIS/CMIP 是 ISO 定义的网络管理协议，它的制定受到了政府和业界的支持。ISO 首先在 1989 年颁布了 ISO DIS 7498–4（X.400）文件，定义了网络管理的基本概念和总体框架。因此，答案是 ISO 或国际标准化组织。

（17）【答案】【17】非服务【解析】本题考查网络安全。从网络高层协议的角度看，攻击方法可概括分为两大类：服务攻击与非服务攻击。

（18）【答案】【18】用户及终端【解析】本题考查电子商务应用系统的组成。一个完整的电子商务系统需要 CA 安全认证中心、支付网关系统、业务应用系统及用户终端系统的配合与协作。任何一个环节出现问题，电子商务活动就不可能顺利完成。

（19）【答案】【19】政务内网【解析】本题考查电子政务内网的概念。电子政务的网络基础设施包括因特网、公众服务业务网、非涉密办公网和涉密办公网几大部分。其中公众服务业务网、非涉密政府办公网和涉密政府办公网又称为政务内网。所有的网络系统以统一的安全电子政务平台为核心，共同组成一个有机的整体。因此，答案是政务内网。

（20）【答案】【20】副载波【解析】本题考查 HFC 网络。HFC（光纤到同轴电缆混合网）是从有线电视网（CATY）发展而来的。它不仅可以提供有线电视业务，也可以提供话音、数据和其他交互型业务。HFC 的基本特性是以模拟信号传输方式为主，即 HFC 进行数据传输时使用副载波光波技术传输多种信息。

2008年9月三级网络技术笔试试卷

（考试时间120分钟，满分100分）

一、选择题（每小题1分，共60分）

下列各题A)、B)、C)、D)四个选项中，只有一个选项是正确的，请将正确选项涂写在答题卡相应位置上，答在试卷上不得分。

（1）2008年北京奥运会实现了绿色奥运、人文奥运、科技奥运。以下关于绿色奥运的描述中，错误的是
- A）以可持续发展理念为指导
- B）旨在创造良好生态环境的奥运
- C）抓好节能减排、净化空气
- D）信息科技是没有污染的绿色科技

（2）关于计算机机型的描述中，错误的是
- A）服务器具有很高的安全性和可靠性
- B）服务器的性能不及大型机、超过小型机
- C）工作站具有很好的图形处理能力
- D）工作站的显示器分辨率比较高

（3）关于奔腾处理器体系结构的描述中，正确的是
- A）超大型标量技术的特点是设置多条流水线同时执行多个处理器
- B）超大型流水线的技术特点是进行分支预测
- C）哈佛结构是把指令和数据进行混合存储
- D）局部总线采用VESA标准

（4）关于安腾处理器的描述中，错误的是
- A）安腾是IA-64的体系结构
- B）它用于高端服务器与工作站
- C）采用了复杂指令系统CISC
- D）实现了简明并行指令计算EPIC

（5）关于主板的描述中，正确的是
- A）按CPU芯片分类有SCSI主板、EDO主板
- B）按主板的规格分类有AT主板、ATX主板
- C）按CPU插座分类有奔腾主板、AMD主板
- D）按数据端口分类有Slot主板、Socket主板

（6）关于软件开发的描述中，错误的是
- A）软件生命周期包括计划、开发、运行三个阶段
- B）开发初期进行需求分析、总体设计、详细设计
- C）开发后期进行编码和测试
- D）文档是软件运行和使用中形成的资料

（7）关于计算机网络的描述中，错误的是
- A）计算机资源指计算机硬件、软件与数据
- B）计算机之间有明确的主从关系
- C）互连的计算机是分布在不同地理位置的自治计算机
- D）网络用户可以使用本地资源和远程资源

（8） $2.5×10^{12}$bps 的数据传输速率可表示为

A）2.5Kbps　　　　B）2.5Mbps　　　　C）2.5Gbps　　　　D）2.5Tbps

（9） 网络中数据传输差错出现具有

A）随机性　　　　B）确定性　　　　C）指数特性　　　　D）线性特性

（10）关于 OSI 参考模型层次划分原则的描述中，正确的是

A）不同结点的同等层具有相同的功能

B）网中各结点都需要采用相同的操作系统

C）高层需要知道底层功能是如何实现的

D）同一结点内相邻层之间通过对等协议通信

（11）TCP/IP 参考模型的互连层与 OSI 参考模型的哪一层（或几层）相对应？

A）物理层　　　　　　　　　　B）物理层与数据链路层

C）网络层　　　　　　　　　　D）网络层与传输层

（12）关于 MPLS 技术特点的描述中，错误的是

A）实现 IP 分组的快速交换　　　　B）MPLS 的核心是标记交换

C）标记由边界标记交换路由器添加　D）标记是可变长度的转发标识符

（13）支持 IP 多播通信的协议是

A）ICMP　　　　B）IGMP　　　　C）RIP　　　　D）OSPF

（14）Ad hoc 网络的描述中，错误的是

A）没有固定的路由器　　　　　B）需要基站支持

C）具有动态搜索能力　　　　　D）适用于紧急救援等场合

（15）传输层的主要任务是完成

A）进程通信服务　　　　　　　B）网络连接服务

C）路径选择服务　　　　　　　D）子网-子网连接服务

（16）机群系统按照应用目标可以分为高可用性机群与

A）高性能机群　B）工作站机群　　C）同构机群　　　D）异构机群

（17）共享介质方式的局域网必须解决的问题是

A）网络拥塞控制　　　　　　　B）介质访问控制

C）网络路由控制　　　　　　　D）物理连接控制

（18）以下哪个是正确的 Ethernet 物理地址？

A）00-60-08　　　　　　　　B）00-60-08-00-A6-38

C）00-60-08-00　　　　　　　D）00-60-08-00-A6-38-00

（19）10Gbps Ethernet 采用的标准是 IEEE

A）802.3a　　　　B）802.3ab　　　　C）802.3ae　　　　D）802.3u

（20）一种 Ethernet 交换机具有 24 个 10/100Mbps 的全双工端口与 2 个 1000Mbps 的全双工端口，其总带宽最大可以达到

A）0.44Gbps　　　B）4.40Gbps　　　C）0.88Gbps　　　D）8.80Gbps

（21）采用直接交换方式的 Ethernet 中，承担出错检测任务的是

A）结点主机　　　B）交换机　　　C）路由器　　　D）结点主机与交换机

（22）虚拟局域网可以将网络结点按工作性质与需要划分为若干个

A）物理网络   B）逻辑工作组

C）端口映射表   D）端口号/套接字映射表

（23）下面哪种不是红外局域网采用的数据传输技术？

    A）定向光束红外传输   B）全方位红外传输

    C）漫反射红外传输   D）绕射红外传输

（24）直接序列扩频通信是将发送数据与发送端产生的一个伪随机码进行

    A）模二加   B）二进制指数和   C）平均值计算   D）校验和计算

（25）关于建筑物综合布线系统的描述中，错误的是

    A）采有模块化结构   B）具有良好的可扩展性

    C）传输介质采用屏蔽双绞线   D）可以连接建筑物中的各种网络设备

（26）关于 Windows 的描述中，错误的是

    A）启动进程的函数是 CreateProcess   B）通过 GDI 调用作图函数

    C）可使用多种文件系统管理磁盘文件 D）内存管理不需要虚拟内存管理程序

（27）关于网络操作系统的描述中，正确的是

    A）早期大型机时代 IBM 提供了通用的网络环境

    B）不同的网络硬件需要不同的网络操作系统

    C）非对等结构把共享硬盘空间分为许多虚拟盘体

    D）对等结构中服务器端和客户端的软件都可以互换

（28）关于 Windows 2000 Server 基本服务的描述中，错误的是

    A）活动目录存储有关网络对象的信息

    B）活动目录服务把域划分为组织单元

    C）域控制器不区分主域控制器和备份域控制器

    D）用户组分为全局组和本地组

（29）关于 NetWare 文件系统的描述中，正确的是

    A）不支持无盘工作站

    B）通过多路硬盘处理和高速缓冲技术提高硬盘访问速度

    C）不需要单独的文件服务器

    D）工作站的资源可以直接共享

（30）关于 Linux 的描述中，错误的是

    A）是一种开源操作系统   B）源代码最先公布在瑞典的 FTP 站点

    C）提供了良好的应用开发环境   D）可支持非 Intel 硬件平台

（31）关于 Unix 的描述中，正确的是

    A）是多用户操作系统   B）用汇编语言写成

    C）其文件系统是网状结构   D）其标准化进行得顺利

（32）关于因特网的描述中，错误的是

    A）采用 OSI 标准   B）是一个信息资源网

    C）运行 TCP/IP 协议   D）是一种互联网

（33）关于 IP 数据报投递的描述中，错误的是

    A）中途路由器独立对待每个数据报

B）中途路由器可以随意丢弃数据报

C）中途路由器不能保证每个数据报都能成功投递

D）源和目的地址都相同的数据报可能经不同路径投递

（34）某局域网包含Ⅰ、Ⅱ、Ⅲ、Ⅳ四台主机，它们连接在同一集线器上。这四台主机的 IP 地址、子网屏蔽码和运行的操作系统如下：

Ⅰ：10.1.1.1、255.255.255.0、Windows　Ⅱ：10.2.1.1、255.255.255.0、Windows

Ⅲ：10.1.1.2、255.255.255.0、Unix　　　Ⅳ：10.1.2.1、255.255.255.0、Linux

如果在Ⅰ主机上提供 Web 服务，那么可以使用该 Web 服务的主机是

A）Ⅱ、Ⅲ和Ⅳ　　　B）仅Ⅱ　　　　C）仅Ⅲ　　　　D）仅Ⅳ

（35）在 IP 数据报分片后，对分片数据报重组的设备通常是

A）中途路由器　　B）中途交换机　　C）中途集线器　　　D）目的主机

（36）一台路由器的路由表如下表所示。当它收到目的 IP 地址为 40.0.2.5 的数据报时，它会将该数据报

要到达的网络	下一路由器
20.0.0.0	直接投递
30.0.0.0	直接投递
10.0.0.0	20.0.0.5
40.0.0.0	30.0.0.7

A）投递到 20.0.0.5　　　　　　　　B）直接投递

C）投递到 30.0.0.7　　　　　　　　D）抛弃

（37）关于因特网域名系统的描述中，错误的是

A）域名解析需要使用域名服务器

B）域名服务器构成一定的层次结构

C）域名解析有递归解析和反复解析两种方式

D）域名解析必须从本地域名服务器开始

（38）关于电子邮件服务的描述中，正确的是

A）用户发送邮件使用 SNMP 协议

B）邮件服务器之间交换邮件使用 SMTP 协议

C）用户下载邮件使用 FTP 协议

D）用户加密邮件使用 IMAP 协议

（39）使用 Telnet 的主要目的是

A）登录远程主机　　B）下载文件　　　C）引入网络虚拟终端　　　D）发送邮件

（40）世界上出现的第一个 WWW 浏览器是

A）IE　　　　　　B）Navigator　　　C）Firefox　　　　　　D）Mosaic

（41）为了避免第三方偷看 WWW 浏览器与服务器交互的敏感信息，通常需要

A）采用 SSL 技术　　　　　　　　B）在浏览器中加载数字证书

C）采用数字签名技术　　　　　　　D）将服务器放入可信站点区

（42）如果用户计算机通过电话网接入因特网，那么用户端必须具有

  A）路由器   B）交换机   C）集线器   D）调制解调器

（43）关于网络管理功能的描述中，错误的是

  A）配置管理是掌握和控制网络的配置信息

  B）故障管理是定位和完全自动排除网络故障

  C）性能管理是使网络性能维持在较好水平

  D）计费管理是跟踪用户对网络资源的使用情况

（44）下面操作系统能够达到 C2 安全级别的是

  Ⅰ. System 7.x   Ⅱ. Windows 98 Ⅲ. Windows NT   Ⅳ. NetWare 4.x

  A）Ⅰ和Ⅱ   B）Ⅱ和Ⅲ   C）Ⅲ和Ⅳ   D）Ⅱ和Ⅳ

（45）下面哪个不是网络信息系统安全管理需要遵守的原则？

  A）多人负责原则   B）任期有限原则

  C）多级多目标管理原则   D）职责分离原则

（46）下面哪个（些）攻击属于非服务攻击？

  Ⅰ. 邮件炸弹   Ⅱ. 源路由攻击   Ⅲ. 地址欺骗

  A）Ⅰ和Ⅱ   B）仅Ⅱ   C）Ⅱ和Ⅲ   D）Ⅰ和Ⅲ

（47）对称加密技术的安全性取决于

  A）密文的保密性   B）解密算法的保密性

  C）密钥的保密性   D）加密算法的保密性

（48）下面哪种破译类型的破译难度最大？

  A）仅密文   B）已知明文   C）选择明文   D）选择密文

（49）关于 RSA 密码体制特点的描述中，错误的是

  A）基于大整数因子分解问题   B）是一种公钥密码体制

  C）加密速度很快   D）常用于数字签名和认证

（50）Kerberos 是一种常用的身份认证协议，它采用的加密算法是

  A）Elgarnal   B）DES   C）MD5   D）RSA

（51）SHA 是一种常用的摘要算法，它产生的消息摘要长度是

  A）64 位   B）128 位   C）160 位   D）256 位

（52）关于安全套接层协议的描述中，错误的是

  A）可保护传输层的安全   B）可提供数据加密服务

  C）可提供消息完整性服务   D）可提供数据源认证服务

（53）关于数字证书的描述中，正确的是

  A）包含证书拥有者的公钥信息

  B）包含证书拥有者的账号信息

  C）包含证书拥有者上级单位的公钥信息

  D）包含 CA 中心的私钥信息

（54）关于电子现金特点的描述中，错误的是

  A）匿名性   B）适于小额支付

  C）使用时无需直接与银行连接 D）依赖使用人的信用信息

（55）SET 协议是针对以下哪种支付方式的网上交易而设计的？

A）支票支付   B）卡支付   C）现金支付   D）手机支付

（56）电子政务逻辑结构的三个层次是电子政务应用层、统一的安全电子政务平台层和

   A）接入层   B）汇聚层   C）网络设施层   D）支付体系层

（57）电子政务内网包括公众服务业务网、非涉密政府办公网和

   A）因特网   B）内部网   C）专用网   D）涉密政府办公网

（58）HFC 网络依赖于复用技术，从本质上看其复用属于

   A）时分复用   B）频分复用   C）码分复用   D）空分复用

（59）关于 ADSL 技术的描述中，错误的是

   A）上下行传输速率不同   B）可传送数据、视频信息

   C）可提供 1Mbps 上行信道   D）可在 10km 距离提供 8Mbps 下行信道

（60）802.11 技术和蓝牙技术可以共同使用的无线信道频点是

   A）800MHz   B）2.4GHz   C）5GHz   D）10GHz

二、填空题（每空 2 分，共 40 分）

请将每一个空的正确答案写在答题卡【1】～【20】序号的横线上，答在试卷上不得分。

（1）系统可靠性的 MTBF 是【1】的英文缩写。

（2）MPEG 压缩标准包括 MPEG 视频、MPEG【2】和 MPEG 系统三个部分。

（3）多媒体数据在传输过程中必须保持数据之间在时序上的【3】结束关系。

（4）星型拓扑结构中的结点通过点-点通信线路与【4】结点连接。

（5）TCP 协议可以将源主机的【5】流无差错地传送到目的主机。

（6）令牌总线局域网中的令牌是一种特殊结构的【6】帧。

（7）CSMA/CD 发送流程为：先听后发，边听边发，【7】停止，随机延迟后重发。

（8）10BASE-T 使用带【8】接口的以太网卡。

（9）IEEE 制定的 Unix 统一标准是【9】。

（10）红帽公司的主要产品是 Red Hat 【10】操作系统。

（11）因特网主要由通信线路、【11】、主机和信息资源四部分组成。

（12）某主机的 IP 地址为 10.8.60.37，子网屏蔽码为 255.255.255.0。当这台主机进行有限广播时，IP 数据报中的源 IP 地址为【12】。

（13）由于采用了【13】，不同厂商开发的 WWW 浏览器、WWW 编辑器等软件可以按照统一的标准对 WWW 页面进行处理。

（14）密钥分发技术主要有 CA 技术和【14】技术。

（15）数字签名是用于确认发送者身份和消息完整性的一个加密消息【15】。

（16）Web 站点可以限制用户访问 Web 服务器提供的资源，访问控制一般分为四个级别：硬盘分区权限、用户验证、Web 权限和【16】限制。

（17）电信管理网中，管理者和代理间的管理信息交换是通过 CMIP 和【17】实现的。

（18）电子商务应用系统包括 CA 安全认证系统、【18】系统、业务应用系统和用户及终端系统。

（19）电子政务的发展历程包括面向数据处理、面向信息处理和面向【19】处理阶段。

（20）ATM 的主要技术特征有：多路复用、面向连接、服务质量和【20】传输。

2008年9月三级网络技术笔试试卷答案和解析

一、选择题

(1)【答案】D【解析】"绿色奥运"是2008年北京奥运会的三大主题之一，其内涵是：要用保护环境、保护资源、保护生态平衡的可持续发展思想，指导运动会的工程建设、市场开发、采购、物流、住宿、餐饮及大型活动等，尽可能减少对环境和生态系统的负面影响，选项A和选项B正确；要积极支持政府加强环境保护市政基础设施建设，改善城市的生态环境，促进经济、社会和环境的持续协调发展；要充分利用奥林匹克运动的广泛影响，开展环境保护宣传教育，促进公众参与环境保护工作，提高全民的环境意识；要在奥运会结束后，为北京中国和世界体育留下一份丰厚的环境保护遗产：奥运会绿色建筑示范工程；举办大型运动会新的环境管理模式；公众积极参与环保工作的机制；北京环境的持续改善，选项C正确。综上所述，本题应该选择D。

(2)【答案】B【解析】本题考查计算机的分类。能为其他电脑提供服务的电脑就是服务器，从原则上讲，过去的小型机、大型机甚至巨型机都可以当服务器使用。由此可见，选项B的说法是错误的。

(3)【答案】A【解析】本题考查奔腾芯片的技术特点。超流水线是通过细化流水、提高主频，使得在一个机器周期内完成一个甚至多个操作，其实质是以时间换取空间。所以，选项B的说法不正确。哈佛结构是一种把指令与数据分开存取的结构，故选项C也不正确。奔腾芯片的局部总线采用的是PCI标准，所以选项D也是错误的。故本题应该选择A。

(4)【答案】C【解析】本题考查安腾芯片的技术特点。对于指令系统来说，安腾芯片采用的是超越CISC与RISC的最新设计理念的简明并行指令计算技术（Explicitly Parallel Instruction Computing，EPIC），选项C的说法错误。所以本题应该选择C。

(5)【答案】B【解析】本题考查主板的分类。主板分类方法很多，按CPU芯片分类有486主板、奔腾主板、奔腾4主板等，所以选项A不正确；按CPU插座分类有Socket 7主板、Slot 1主板等，所以选项C也不正确；按数据端口分类有SCSI主板、EDO主板、AGP主板等，所以选项D也是错误的。故本题应该选择B。

(6)【答案】D【解析】本题考查软件开发周期。文档是软件开发、使用和维护中的必备资料。它是在软件开发阶段必须形成的重要资料，所以选项D的说法是错误的。

(7)【答案】B【解析】本题考查计算机网络的定义。互联的计算机是分布在不同地理位置的多台独立的"自治计算机"（Autonomous Computer），它们之间可以没有明确的主从关系。所以，选项B的说法是错误的。

(8)【答案】D【解析】本题考查计算机中的单位换算。在计算机中，$1T = 1×2^{10}G = 1024G ≈ 1×10^3G$；$1G = 1×2^{10}M = 1024M ≈ 1×10^3M$；$1M = 1×2^{10}K = 1024K ≈ 1×10^3K$；$1K = 1×2^{10} = 1024 ≈ 1×10^3$。所以，$2.5×10^{12}bps = 2.5×10^3×10^3×10^3×10^3bps ≈ 2.5×10^3×10^3×10^3Kbps ≈ 2.5×10^3×10^3Mbps ≈ 2.5×10^3Gbps ≈ 2.5Tbps$。所以本题应该选择D。

(9)【答案】A【解析】本题考查网络数据传输。网络中数据传输差错的出现不可能是确定的，也不会具有指数或线性等特点，差错的出现是不可预料的，所以应该是具有随机性，故应该选择 A。

(10)【答案】A【解析】本题考查 OSI 参考模型。OSI（Open System Interconnect）开放式系统互联的目的是实现开放系统环境中的互连性、互操作性和应用的可移植性，即在网络中无论你使用的是什么操作系统，只要是使用同一种遵守 OSI 参考模型的协议就可以实现互联。所以，选项 B 的说法错误。根据分而治之的原则，ISO 将整个通信功能划分为 7 个层次，划分层次的原则是：网中各结点都有相同的层次；不同结点的同等层具有相同的功能，选项 A 的说法正确；同一结点内相邻层之间通过接口通信，选项 D 说法错误；每一层使用下层提供的服务，并向其上层提供服务，高层并不需要知道底层是如何实现的，选项 C 的说法错误；不同结点的同等层按照协议实现对等层之间的通信。综上所述，本题应该选择 A。

(11)【答案】C【解析】本题考查 TCP/IP 参考模型。TCP/IP 参考模型的互连层相当于 OSI 参考模型网络层的无连接网络服务，故本题应该选择 C。

(12)【答案】D【解析】本题考查 MPLS 的概念。多协议标识交换（multi-protocol label switching，MPLS）技术的提出，主要是为了更好地将 IP 协议与 ATM 高速交换技术结合起来，实现 IP 分组的快速交换。标记由 24 位的虚路径标识符（VPI）和虚信道标识符（VCI）字段组成，所以标记的长度不是可变的，故应该选择 D。

(13)【答案】B【解析】ICMP（Internet Control Message Protocol，Internet 控制消息协议）是 TCP/IP 协议族的一个子协议，用于在 IP 主机、路由器之间传递控制消息，不支持 IP 多播通信，所以选项 A 不是正确答案；RIP（Routing Information Protocol，路由信息协议）是在网关与主机之间交换路由选择信息的标准，不支持 IP 多播，所以选项 C 不是正确答案；OSPF（Open Shortest Path First，开放式最短路径优先）是一个内部网关协议，用于在单一自治系统内决策路由，不支持 IP 多播，所以选项 D 不是正确答案；IGMP（Internet Group Management Protocol，Internet 组管理协议）是因特网协议家族中的一个组播协议，用于 IP 主机向任一个直接相邻的路由器报告他们的组成员情况，支持 IP 多播，所以本题应该选择 B。

(14)【答案】B【解析】Ad hoc 网络是一种特殊的无线移动网络。网络中所有结点的地位平等，无需设置任何的中心控制结点。网络中的结点不仅具有普通移动终端所需的功能，而且具有报文转发能力。由此可见，它不需要基站支持，故应该选择 B。

(15)【答案】A【解析】本题考查 TCP/IP 参考模型。在 TCP/IP 参考模型中，传输层主要负责应用进程之间的端对端通信。故本题应该选择 A。

(16)【答案】A【解析】本题考查机群系统。机群系统是互相连接的多个独立计算机的集合，这些计算机可以是单机或多处理器系统（PC、工作站或 SMP），每个结点都有自己的存储器、I/O 设备和操作系统。机群系统按应用目标可分为高性能机群和高可用性机群。所以，本题应该选择 A。

(17)【答案】B【解析】本题考查共享介质方式的局域网。在共享介质方式的局域网实现技术中，必须解决介质访问控制（Medium Access Control，MAC）问题，所以本题应该选择 B。

(18)【答案】B【解析】本题考查 Ethernet 的物理地址。物理地址长度为 48 位（6 个字节），所以本题应该选择 B。

(19)【答案】C【解析】本题考查 10Gbps Ethernet 的概念。10Gbit/s（即 10Gbps）Ethernet 的标准由 IEEE 802.3ae 委员会制定，正式标准在 2002 年完成。所以，本题应该选择 C。

(20)【答案】D【解析】本题考查交换机端口的概念。对于 10/100Mbps 的端口，交换机自动侦测所连接的网卡速率是 10Mbps 还是 100Mbps 来决定使用哪种速率工作。10Mbps 时，半双工端口带宽为 10Mbps，全双工端口带宽为 20Mbps；100Mbps 时，半双工端口带宽为 100Mbps，全双工端口带宽为 200Mbps。对于 1000Mbps 的端口，半双工端口带宽为 1000Mbps，全双工端口带宽为 2000Mbps。题目中有 24 个 10/100Mbps 的全双工端口和 2 个 1000Mbps 的全双工端口，则最高速率可以达到 200Mbps×24+2000Mbps×2=8800Mbps≈8.8Gbps。所以本题应该选择 D。

(21)【答案】A【解析】本题考查交换机的帧转发方式。根据交换机的帧转发方式，交换机可以分为直接交换方、存储转发交换方式和改进直接交换方式 3 类。在直接交换（Cut Through）方式中，交换机只要接收并检测到目的地址字段后就立即将该帧转发出去，而不管这一帧数据是否出错。帧出错检测任务由主机完成。所以本题应该选择 A。

(22)【答案】B【解析】本题考查虚拟局域网。虚拟局域网是建立在交换技术基础上的。将网络上的结点按工作性质与需要划分成若干个"逻辑工作组"，则一个逻辑工作组就是一个虚拟网络。由此可见，本题应该选择 B。

(23)【答案】D【解析】本题考查红外无线局域网。红外线局域网的数据传输有 3 种基本技术：定向光束传输技术、全方位红外传输技术与漫反射红外传输技术。由此可见，本题应该选择 D。

(24)【答案】A【解析】本题考查直接序列扩频通信。直接序列扩频通信的基本原理是：发送信号是发送数据与发送端产生的一个伪随机码进行模二加的结果。在接收端，使用与发送端相同的伪随机码，将发送数据从扩频序列信号取出并发送。所以本题应该选择 A。

(25)【答案】C【解析】本题考查结构化布线的基本概念。结构化布线系统主要应用在以下 3 种环境中：建筑物综合布线系统、智能大楼布线系统以及工业布线系统。建筑物综合布线系统一般具有很好的开放式结构，具有良好的可扩展性和很好的灵活性等特点。传输介质主要采用非屏蔽双绞线与光纤混合结构，可以连接建筑物及建筑物群中的各种设备与网络系统。所以，本题应该选择 C。

(26)【答案】D【解析】本题考查 Windows 操作系统。进程运行时，在一段时间里，程序的执行往往呈现高度的局部性，包括时间局部性和空间局部性。因此，Windows 操作系统引入了虚拟存储技术，当进程要求运行时，不是将它全部装入内存，而是将其一部分装入内存，另一部分暂时不装入。所以，Windows 的内存管理需要虚拟内存管理程序，故本题应该选择 D。

• (27)【答案】C【解析】本题考查网络操作系统。早在大型主机的时代，IBM 公司、Burroughs 公司、Unisys 公司就曾经提供过完备的网络环境，所以选项 A 的说法不正确；一个典型的网络操作系统一般具有硬件独立的特征，也就是说，它应当独立于具体的硬件平台，支持多平台，即系统应该可以运行于各种硬件平台之上，所以选项 B 也是错误的；在对等结构网络操作系统中，所有的连网结点地位平等，安装在每个连网结点的操作系统软件相同，联网计算机的资源在原则上都是可以相互共享的，所以在对等结构中没有什么服务器端和客户端的区别，故选项 D 的说法不正确。故本题应该选择 C。

(28)【答案】D【解析】本题考查 Windows 2000 Server 的特点。Windows 2000 Server 不再划分全局组和本地组，组内可以包含用户和其他组账户，而不管它们在域目录树的什么位置，这样就有利于用户对组进行管理。由此可见，本题应该选择 D。

(29)【答案】B【解析】本题考查 NetWare 文件系统。NetWare 文件系统所有的目录与文件都建立在服务器硬盘上，因此它支持无盘工作站，选项 A 不正确；在一个 NetWare 网络中，必须有一个或一个以上的文件服务器，所以选项 C 的说法也不正确；NetWare 存在工作站资源无法直接共享、安装及管理维护比较复杂，多用户需同时获取文件及数据时会导致网络效率降低，以及服务器的运算功能没有得到发挥等缺点，由此可见选项 D 也是错误的。故本题应该选择 B。

(30)【答案】B【解析】本题考查 Linux 的一些基本概念。发明设计 Linux 操作系统的是一位来自芬兰赫尔辛基大学的大学生 Linus B.Torvalds，他最初将 Linux 的源代码放在芬兰最大的 FTP 站点上。因此，本题错误的是选项 B。

(31)【答案】A【解析】本题考查 Unix 的一些基本概念。Unix 系统的大部分是用 C 语言编写的，这使得系统易读、易修改、易移植，因此选项 B 是错误的；Unix 系统采用的是树形文件系统，具有良好的安全性、保密性和可维护性，所以选项 C 也不正确；到 20 世纪 90 年代，Unix 版本多达 100 余个。这使 Unix 的标准化工作成为一个相当复杂的过程，由此可见选项 D 的说法也不对。Unix 系统是一个多用户、多任务的操作系统，本题应该选择 A。

(32)【答案】A【解析】本题考查因特网的基本概念。因特网是基于 TCP/IP 协议的，而不是采用 OSI 标准。所以本题应该选择 A。

(33)【答案】B【解析】本题考查 IP 数据报的传输。由于中途路由器独立对待每一个 IP 数据报，所以，源主机两次发往同一目的主机的数据，可能会因为中途路由器路由选择的不同而沿着不同的路径到达目的主机，中途路由器不保证每个数据报都能成功投递。由此可见，选项 A、C、D 都是正确的，故本题应该选择 B。

(34)【答案】C【解析】本题考查子网地址与子网屏蔽码。IP 地址的网络号部分和主机号部分用子网屏蔽码来区分，主机号部分在子网屏蔽码中用"0"（二进制）表示；网络号部分用"1"表示。所以本题的子网屏蔽码 255.255.255.0 也就是二进制 11111111.11111111.11111111.00000000，表示 IP 地址的前 3 个字节代表网络号，后 1 个字节代表主机号。所以，4 台主机的网络号分别是：10.1.1.0、10.2.1.0、10.1.1.0 和 10.1.2.0。故只有主机Ⅲ和主机 I 位于同一个子网。又因为集线器没有路由功能，所以不同的子网之间是不能互相访问的。所以，本题应该选择 C。

(35)【答案】D【解析】本题考查报文的分片和重组控制。由于利用 IP 进行互联的各个物理网络所能处理的最大报文长度有可能不同，所以 IP 报文在传输和投递的过程中有可能分片。IP 数据报使用标识、标志和片偏移三个域对分片进行控制，分片后的报文将在目的主机进行重组。由此可见，本题应该选择 D。

(36)【答案】C【解析】本题考查路由选择算法。因为目的 IP 地址 40.0.2.5 的网络地址部分是 40.0.0.0，所以根据路由表中 40.0.0.0 对应的下一路由器地址投递。故本题应该选择 C。

(37)【答案】D【解析】本题考查域名解析。域名解析采用自顶向下的算法，从根服务器开始直到叶服务器，在其间的某个结点上一定能找到所需的名字-地址映射。虽然实际的域名解析是从本地域名服务器开始的，但并不是必须。由此可见，本题应该选择 D。

(38)【答案】B【解析】本题考查电子邮件服务。电子邮件应用程序向邮件服务器传送邮件，或邮件服务器之间的邮件传送都是使用简单邮件传输协议（SMTP，Simple Mail Transfer Protocol），而从邮件服务器的邮箱中读取时可以使用 POP3（Post Office Protocol）协议或 IMAP（Interactive Mail Access Protocol）协议。其中，IMAP 是交互式邮件传输协议，加密邮件跟传输协议并没有直接关系。所以，本题的 4 个选项中，只有选项 B 是正确的。

(39)【答案】A【解析】本题考查远程登录服务。在分布式计算环境中，常常需要远程计算机同本地计算机协同工作，利用多台计算机来共同完成一个较大的任务。这种协同操作的工作方式要求用户能够登录到远程计算机，启动某些远程进程，并使进程之间能够相互通信。为了达到这个目的，人们开发了远程终端协议，即 Telnet 协议。由此可见，本题应改选择 A。

(40)【答案】D【解析】本题考查 WWW 浏览器的发展。第一个 WWW 浏览器是在 1993 年初由 Marc Andressen 推出的 Mosaic。故本题应该选择 D。

(41)【答案】A【解析】本题考查 SSL 协议的概念。在实际应用中，Web 站点与浏览器的安全交互通常是借助于安全套接层（SSL）完成的，可以防止 Web 服务器与浏览器之间的通信内容被窃听。所以本题应该选择 A。

(42)【答案】D【解析】本题考查接入因特网。电话线路是为传输音频信号而建设的，计算机输出的数字信号不能直接在普通的电话线路上传输。调制解调器在通信一端负责将计算机输出的数字信号转换成普通电话线路能够传输的模拟信号，在另一端将从电话线路上接收到的信号转换成计算机能够处理的数字信号。故本题应该选择 D。

(43)【答案】B【解析】本题考查网络管理。网络管理包括五个功能：配置管理、故障管理、性能管理、计费管理和安全管理。其中，故障管理是对计算机网络中的问题或故障进行定位的过程。因此，本题应该选择 B。

(44)【答案】C【解析】本题考查安全级别。D1 是计算机安全的最低一级，整个计算机系统是不可信任的，硬件和操作系统很容易被侵袭。D1 级的计算机系统有 DOS、Windows 3.x 及 Windows 95/98、Apple 的 System 7.x 等。达到 C2 级的常见操作系统有：Unix 系统、XENIX、Novell 3.x 或更高版本以及 Windows NT。选项 C 正确。

(45)【答案】C【解析】本题考查安全管理原则。网络信息系统的安全管理主要基于多人负责、任期有限和职责分离三个原则。所以，本题应该选择 C。

(46)【答案】C【解析】本题考查安全攻击。从网络高层协议的角度看，攻击方法可概括分为两大类：服务攻击与非服务攻击。非服务攻击是不针对某项具体应用服务，而是基于网络层等低层协议而进行的攻击。邮件炸弹（Mail Bomb）是针对 E-mail 服务的攻击，所以是服务攻击。而源路由攻击和地址欺骗都是针对 TCP/IP 协议（尤其是 IPv4）自身的安全漏洞进行的攻击，所以是非服务攻击。故本题应该选择 C。

(47)【答案】C【解析】本题考查对称加密技术。对称加密使用单个密钥对数据进行加密或解密，其特点是计算量小、加密效率高。但此类算法在分布式系统上使用较为困难，主要是密钥管理困难，从而使用成本高，安全性能也不易保证。因此，本题应该选择 C。

(48)【答案】A【解析】本题考查密码分析。如果分析人员仅拥有密文和加密算法（即仅密文类型），则破译难度最大，因为分析人员的可用信息量很少。所以，本题应该选择 A。

(49)【答案】C【解析】本题考查 RSA 密码体制。RSA 是一种公钥密码体制，RSA 算法的安全性建立在难以对大数提取因子的基础上，常用于数字签名、认证等，选项 A、B 和 D 说法正确。与 DES 相比，RSA 的缺点是加密和解密的速度太慢，选项 C 说法错误，为本题正确答案。

(50)【答案】B【解析】本题考查 Kerberos 协议。Kerberos 是一种对称密码网络认证协议，它使用 DES 加密算法进行加密和认证。选项 C 正确。

(51)【答案】C【解析】本题考查常用的摘要算法。SHA（安全散列算法）按 512 比特块处理其输入，产生一个 160 位的信息摘要。因此本题应该选择 C。

(52)【答案】D【解析】本题考查 Web 的通信安全。安全套接层（SSL）是 Netscape 设计的一种用于保护传输层安全的开放协议，它在应用层协议（如 HTTP、telnet、NNTP 或者 FTP）和低层的 TCP/IP 之间提供数据安全，为 TCP/IP 连接提供数据加密、服务器认证、消息完整性和可选的客户机认证。由此可见，本题应该选择 D。

(53)【答案】A【解析】本题考查数字证书的概念。数字证书是一条数字签名的消息，它通常用于证明某个实体的公钥的有效性。数字证书是一个数据结构，具有一种公共的格式，它将证书拥有者的识别符和其公钥值绑定在一起，由此可见，本题应该选择 A。

(54)【答案】D【解析】本题考查电子现金的特点。与人们熟悉的现金、信用卡和支票相似，电子支付工具包括了电子现金、电子信用卡和电子支票等。电子现金具有多用途、灵活使用、匿名性（选项 A 的说法正确）、快速简便的特点，无需直接与银行连接便可使用（选项 C 的说法正确），适用于小额交易（选项 B 的说法正确）。所以，本题应该选 D。

(55)【答案】B【解析】本题考查 SET 协议。安全电子交易（Secure Electronic Transaction，SET）是由 VISA 和 MASTCARD 所开发的开放式支付规范，是为了保证信用卡在公共因特网上支付的安全而设立的，所以选项 B 正确。

(56)【答案】C【解析】本题考查电子政务的逻辑结构。整个电子政务的逻辑结构自下而上分为 3 个层次，它们是基础设施层、统一的安全电子政务平台层和电子政务应用层。其中，基础设施层包括两个子层，即网络基础设施子层和信息安全基础设施子层。本题没有明确给出基础设施层选项，但从基础设施层所包含的子层来看，也可以将其理解为网络设施层。所以，本题应该选择 C。

(57)【答案】D【解析】本题考查电子政务内网的概念。电子政务的网络基础设施中的公众服务业务网、非涉密政府办公网和涉密政府办公网 3 部分又称为政务内网，所有的网络系统以统一的安全电子政务平台为核心，共同组成一个有机的整体。所以，本题应该选择 D。

(58)【答案】B【解析】本题考查 HFC 接入技术。HFC（光纤到同轴电缆混合网）是从有线电视网（CATY）发展而来的。它不仅可以提供有线电视业务，也可以提供话音、数据和其他交互型业务。HFC 网是一种以模拟频分复用技术为基础，综合应用模拟和数字传输技术、光纤和同轴电缆技术、射频调制和解调技术的接入网络。所以，本题应该选择 B。

(59)【答案】D【解析】本题考查 ADSL 技术。ADSL 是非对称数字用户线路的简称，所以它的特点就是上下行传输速率不同。ADSL 的上行传输速率范围是640kbps~1Mbps，下行传输速率范围是 1.5Mbps~8Mbps，最大传输距离为 5.5km，可以传送数据、视频、音频信息及控制、开销信号。所以，本题应该选择 D。

(60)【答案】B【解析】本题考查无线接入技术的一些标准。IEEE 802.11 标准使用的频点是 2.4GHz，蓝牙的频点也是 2.4GHz。所以，本题应该选择 B。

二、填空题

(1)【答案】【1】平均无故障时间【解析】本题考查常见英文缩写的含义。计算机指标中，可靠性通常用 MTBF 和 MTTR 来表示。其中，MTBF 是 Mean Time Between Failures 的缩写，指多长时间系统发生一次故障，即平均无故障时间。

(2)【答案】【2】音频【解析】本题考查 MPEG 压缩标准。MPEG（Moving Picture Experts Group）是 ISO/IEC 委员会的第 11172 号标准草案，包括 MPEG 视频、MPEG 音频和 MPEG 系统三部分。

(3)【答案】【3】同步【解析】本题考查多媒体的基本概念。多媒体数据在传输过程中必须保持数据之间在时序上的同步结束关系，否则观众就会感觉很不舒服。如图像与语言没有同步，人物说话的口型与声音就会不吻合。

(4)【答案】【4】中心【解析】本题考查局域网拓扑构型。在星型拓扑结构中，结点通过点对点通信线路与中心结点连接。中心结点控制全网的通信，任何两结点之间的通信都要通过中心结点。星型拓扑结构简单，易于实现，便于管理，但网络的中心结点是全网可靠性的瓶颈，中心结点的故障可能造成全网瘫痪。

(5)【答案】【5】字节【解析】本题考查 TCP 协议的基本概念。TCP 协议是一种可靠的面向连接的协议，它允许将一台主机的字节流无差错传到目的主机。

(6)【答案】【6】控制【解析】本题考查令牌的概念。IEEE 802.4 标准定义了总线拓扑的令牌总线（Token Bus）介质访问控制方法与相应的物理规范，令牌是一种特殊的 MAC 控制帧。

(7)【答案】【7】冲突【解析】本题考查 CSMA/CD 的基本概念。Ethernet（以太网）的核心技术是它的随机争用型介质访问控制方法，即带有冲突检测的载波侦听多路访问 CSMA/CD（Carrier Sense Multiple Access with Collision Detection）方法。CSMA/CD 的发送流程可以简单地概括为四点：先听后发，边听边发，冲突停止，随机延迟后重发。

(8)【答案】【8】RJ-45【解析】本题考查局域网组网设备。IEEE 802.3 标准规定的 10BASE-T 使用的传输介质为非屏蔽双绞线，而非屏蔽双绞线使用的接口是 RJ-45。所以，10BASE-T 应该使用带 RJ-45 接口的以太网卡。

(9)【答案】【9】POSIX【解析】本题考查 Unix 的标准化。IEEE 制定了许多基于 Unix 的"易移植操作系统环境"即 POSIX 标准。

（10）【答案】【10】Linux【解析】本题考查 Linux 的一些版本。目前 Linux 的发行版本种类很多，最主要的有：Red Hat Linux、Slackware、Debian Linux、S.U.S.E Linux 等，国内也有发行版本，如联想公司的幸福 Linux 以及冲浪平台的 Xteam Linux。其中，Red Hat Linux 是红帽公司的主要产品。

（11）【答案】【11】路由器【解析】因特网的主要组成部分有：通信线路、路由器、服务器与客户机和信息资源。其中，服务器与客户机也统称为主机。

（12）【答案】【12】255.255.255.255【解析】本题考查特殊的 IP 地址。32 位全为"1"的 IP 地址（255.255.255.255）叫做有限广播地址，用于本网广播。

（13）【答案】【13】标准化的 HTML 规范【解析】本题考查 WWW 服务系统。通过标准化的 HTML 规范，不同厂商开发的 WWW 浏览器、WWW 编辑器与 WWW 转换器等各类软件可以按照同一标准对页面进行处理，这样用户就可以自由在因特网上漫游了。所以，本题应该填"标准化的 HTML 规范"。

（14）【答案】【14】KDC【解析】本题考查密钥的分发技术。密钥分发技术是指将密钥发送到数据交换的双方，而其他人无法看到的方法。实现方法很多，比如，手工传送、利用旧密钥加密新密钥后再传送、Diffie-Hellman 密钥分发方案等，通常使用的密钥分发技术是：KDC 技术和 CA 技术。KDC（密钥分发中心）技术可用于保密密钥的分发，CA（证书权威机构）技术可用于公钥和保密密钥的分发。

（15）【答案】【15】摘要【解析】本题考查数字签名的概念。数字签名是用于确认发送者身份和消息完整性的一个加密的消息摘要。

（16）【答案】【16】IP 地址【解析】本题考查 Web 服务器的安全性。Web 站点的访问控制通常可以分为四个级别：IP 地址限制、用户验证、Web 权限和 NTFS 权限。其中，NTFS 权限也可以说是硬盘分区权限。

（17）【答案】【17】CMIS【解析】本题考查网络管理协议。目前使用的网络管理协议包括 SNMP、CMIS/CMIP、LMMP、RMON 等。在电信管理网（TMN）中，管理者和代理之间所有的管理信息交换都是利用 CMIS 和 CMIP 实现的。

（18）【答案】【18】支付网关【解析】本题考查电子商务应用系统的组成。一个完整的电子商务系统需要 CA 安全认证中心、支付网关系统、业务应用系统及用户终端系统的配合与协作。任何一个环节出现问题，电子商务活动就不可能顺利完成。

（19）【答案】【19】知识【解析】本题考查电子政务的发展历程。电子政务的发展经历了面向数据处理、面向信息处理和面向知识处理 3 个阶段。面向数据处理主要局限在某一部门内部；面向信息处理以网络为中心建立通信基础平台，有效地提高了政府的办公效率和管理质量；面向知识处理阶段就是我们现在所处的阶段，从客观上要求政府部们改变自身的信息管理，通过不断学习来提高政府的决策效率。

（20）【答案】【20】信元【解析】本题考查 ATM 的特征。ATM 的主要技术特征包括：信元传输、面向连接、统计多路复用和服务质量保证。

2009 年 3 月三级网络技术笔试试卷

(考试时间 120 分钟, 满分 100 分)

一、选择题(每小题 1 分, 共 60 分)

下列各题 A)、B)、C)、D)四个选项中, 只有一个选项是正确的, 请将正确选项涂写在答题卡相应位置上, 答在试卷上不得分。

(1) 1959 年 10 月我国研制成功的一台通用大型电子管计算机是
   A) 103 计算机　　　　　　B) 104 计算机
   C) 120 计算机　　　　　　D) 130 计算机

(2) 关于计算机应用的描述中, 错误的是
   A) 模拟核爆炸是一种特殊的研究方法
   B) 天气预报采用了巨型计算机处理数据
   C) 经济运行模型还不能用计算机模拟
   D) 过程控制可采用低档微处理器芯片

(3) 关于服务器的描述中, 正确的是
   A) 按体系结构分为入门级、部门级、企业级服务器
   B) 按用途分为台式、机架式、机柜式服务器
   C) 按处理器类型分为文件、数据库服务器
   D) 刀片式服务器的每个刀片是一块系统主板

(4) 关于计算机配置的描述中, 错误的是
   A) 服务器机箱的个数用 1U/2U/3U/……/8U 表示
   B) 现在流行的串行接口硬盘是 SATA 硬盘
   C) 独立磁盘冗余阵列简称磁盘阵列
   D) 串行 SCSI 硬盘简称 SAS 硬盘

(5) 关于软件开发的描述中, 正确的是
   A) 软件生命周期包括计划、开发两个阶段
   B) 开发初期进行需求分析、总体设计、详细设计
   C) 开发后期进行编码、测试、维护
   D) 软件运行和使用中形成文档资料

(6) 关于多媒体的描述中, 错误的是
   A) 多媒体的数据量很大, 必须进行压缩才能实用
   B) 多媒体信息有许多冗余, 这是进行压缩的基础
   C) 信息熵编码法提供了无损压缩
   D) 常用的预测编码是变换编码

(7) 关于数据报交换方式的描述中, 错误的是
   A) 在报文传输前建立源结点与目的结点之间的虚电路
   B) 同一报文的不同分组可以经过不同路径进行传输

C）同一报文的每个分组中都要有源地址与目的地址

D）同一报文的不同分组可能不按顺序到达目的结点

（8）IEEE 802.11 无线局域网的介质访问控制方法中，帧间间隔大小取决于

A）接入点   B）交换机

C）帧大小   D）帧类型

（9）以下网络应用中不属于 Web 应用的是

A）电子商务   B）域名解析

C）电子政务   D）博客

（10）关于千兆以太网的描述中，错误的是

A）与传统以太网采用相同的帧结构

B）标准中定义了千兆介质专用接口

C）只使用光纤作为传输介质

D）用 GMII 分隔 MAC 子层与物理层

（11）虚拟局域网的技术基础是

A）路由技术   B）带宽分配

C）交换技术   D）冲突检测

（12）关于 OSI 参考模型的描述中，正确的是

A）高层为低层提供所需的服务

B）高层需要知道低层的实现方法

C）不同结点的同等层有相同的功能

D）不同结点需要相同的操作系统

（13）如果网络结点传输 10bit 数据需要 1×10^{-8}s，则该网络的数据传输速率为

A）10Mbps   B）1Gbps

C）100Mbps   D）10Gbps

（14）关于传统 Ethernet 的描述中，错误的是

A）是一种典型的总线型局域网

B）结点通过广播方式发送数据

C）需要解决介质访问控制问题

D）介质访问控制方法是 CSMA/CA

（15）网桥实现网络互联的层次是

A）数据链路层   B）传输层

C）网络层   D）应用层

（16）在 TCP/IP 参考模型中，负责提供面向连接服务的协议是

A）FTP   B）DNS

C）TCP   D）UDP

（17）以下哪一个不是无线局域网 IEEE 802.11 规定的物理层传输方式？

A）直接序列扩频   B）跳频广播

C）蓝牙   D）红外

（18）关于网络层的描述中，正确的是

　　A）基本数据传输单位是帧

　　B）主要功能是提供路由选择

　　C）完成应用层信息格式的转换

　　D）提供端到端的传输服务

（19）1000BASE-T 标准支持的传输介质是

　　A）单模光纤　　　　　　　　B）多模光纤

　　C）非屏蔽双绞线　　　　　　D）屏蔽双绞线

（20）电子邮件传输协议是

　　A）DHCP　　　　　　　　　B）FTP

　　C）CMIP　　　　　　　　　D）SMTP

（21）关于 IEEE 802 模型的描述中，正确的是

　　A）对应于 OSI 模型的网络层

　　B）数据链路层分为 LLC 与 MAC 子层

　　C）只包括一种局域网协议

　　D）针对广域网环境

（22）关于 Ad Hoc 网络的描述中，错误的是

　　A）是一种对等式的无线移动网络

　　B）在 WLAN 的基础上发展起来

　　C）采用无基站的通信模式

　　D）在军事领域应用广泛

（23）以下 P2P 应用软件中不属于文件共享类应用的是

　　A）Skype　　　　　　　　　B）Gnutella

　　C）Napster　　　　　　　　D）BitTorrent

（24）关于服务器操作系统的描述中，错误的是

　　A）是多用户、多任务的系统

　　B）通常采用多线程的处理方式

　　C）线程比进程需要的系统开销小

　　D）线程管理比进程管理复杂

（25）关于 Windows Server 基本特征的描述中，正确的是

　　A）Windows 2000 开始与 IE 集成，并摆脱了 DOS

　　B）Windows 2003 依据.NET 架构对 NT 技术做了实质的改进

　　C）Windows 2003 R2 可靠性提高，安全性尚显不足

　　D）Windows 2008 重点加强安交全性，其他特征与前面版本类似

（26）关于活动目录的描述中，错误的是

　　A）活动目录包括目录和目录服务

　　B）域是基本管理单位，通常不再细分

　　C）活动目录采用树状逻辑结构

　　D）通过域构成树，树再组成森林

（27）关于 Unix 操作系统的描述中，正确的是

98

A）Unix 由内核和外壳两部分组成

B）内核由文件子系统和目录子系统组成

C）外壳由进程子系统和线程子系统组成

D）内核部分的操作原语对用户程序起作用

（28）关于 Linux 操作系统的描述中，错误的是

A）内核代码与 Unix 不同

B）适合作为 Internet 服务平台

C）文件系统是网状结构

D）用户界面主要有 KDE 和 GNOME

（29）关于 TCP/IP 协议集的描述中，错误的是

A）由 TCP 和 IP 两个协议组成

B）规定了 Internet 中主机的寻址方式

C）规定了 Internet 中信息的传输规则

D）规定了 Internet 中主机的命名机制

（30）关于 IP 互联网的描述中，错误的是

A）隐藏了低层物理网络细节

B）数据可以在 IP 互联网中跨网传输

C）要求物理网络之间全互连

D）所有计算机使用统一的地址描述方法

（31）以下哪个地址为回送地址？

A）128.0.0.1　　　　　　　　　　B）127.0.0.1

C）126.0.0.1　　　　　　　　　　D）125.0.0.1

（32）如果一台主机的 IP 地址为 20.22.25.6，子网掩码为 255.255.255.0，那么该主机的主机号为

A）6　　　　　　　　　　　　　　B）25

C）22　　　　　　　　　　　　　　D）20

（33）一个连接两个以太网的路由器接收到一个 IP 数据报，如果需要将该数据报转发到 IP 地址为 202.123.1.1 的主机，那么该路由器可以使用哪种协议寻找目标主机的 MAC 地址？

A）IP　　　　　　　　　　　　　　B）ARP

C）DNS　　　　　　　　　　　　　D）TCP

（34）在没有选项和填充的情况下，IPv4 数据报报头长度域的值应该为

A）3　　　　　　　　　　　　　　B）4

C）5　　　　　　　　　　　　　　D）6

（35）对 IP 数据报进行分片的主要目的是

A）提高互联网的性能

B）提高互联网的安全性

C）适应各个物理网络不同的地址长度

D）适应各个物理网络不同的 MTU 长度

（36）关于 ICMP 差错报文特点的描述中，错误的是

A）享受特别优先权和可靠性

B）数据中包含故障 IP 数据报数据区的前 64 比特

C）伴随抛弃出错 IP 数据报产生

D）目的地址通常为抛弃数据报的源地址

（37）一个路由器的路由表如下所示。如果该路由器接收到一个目的 IP 地址为 10.1.2.5 的报文，那么它应该将其投递到

子网掩码	要到达的网络	下一路由器
255.255.0.0	10.2.0.0	直接投递
255.255.0.0	10.3.0.0	直接投递
255.255.0.0	10.1.0.0	10.2.0.5
255.255.0.0	10.4.0.0	10.3.0.7

A）10.1.0.0   B）10.2.0.5

C）10.4.0.0   D）10.3.0.7

（38）关于 RIP 与 OSPF 协议的描述中，正确的是

A）RIP 和 OSPF 都采用向量-距离算法

B）RIP 和 OSPF 都采用链路-状态算法

C）RIP 采用向量-距离算法，OSPF 采用链路-状态算法

D）RIP 采用链路-状态算法，OSPF 采用向量-距离算法

（39）为确保连接的可靠建立，TCP 采用的技术是

A）4 次重发   B）3 次重发

C）4 次握手   D）3 次握手

（40）关于客户机/服务器模式的描述中，正确的是

A）客户机主动请求，服务器被动等待

B）客户机和服务器都主动请求

C）客户机被动等待，服务器主动请求

D）客户机和服务器都被动等待

（41）关于 Internet 域名系统的描述中，错误的是

A）域名解析需要一组既独立又协作的域名服务器

B）域名服务器逻辑上构成一定的层次结构

C）域名解析总是从根域名服务器开始

D）递归解析是域名解析的一种方式

（42）pwd 是一个 FTP 用户接口命令，它的意义是

A）请求用户输入密码

B）显示远程主机的当前工作目录

C）在远程主机中建立目录

D）进入主动传输方式

（43）为了使电子邮件能够传输二进制信息，对 RFC822 进行扩充后的标准为

A）RFC823   B）SNMP

C）MIME   D）CERT

（44）关于 WWW 服务系统的描述中，错误的是

A）WWW 采用客户机/服务器模式

B）WWW 的传输协议采用 HTML

C）页面到页面的链接信息由 URL 维持

D）客户端应用程序称为浏览器

（45）下面哪个不是 Internet 网络管理协议？

A）SNMPv1   B）SNMPv2

C）SNMPv3   D）SNMPv4

（46）根据计算机信息系统安全保护等级划分准则，安全要求最高的防护等级是

A）指导保护级   B）强制保护级

C）监督保护级   D）专控保护级

（47）下面哪种攻击属于被动攻击？

A）流量分析   B）数据伪装

C）消息重放   D）消息篡改

（48）AES 加密算法处理的分组长度是

A）56 位   B）64 位

C）128 位   D）256 位

（49）RC5 加密算法没有采用的基本操作是

A）异或   B）循环

C）置换   D）加

（50）关于消息认证的描述中，错误的是：

A）消息认证称为完整性校验

B）用于识别信息源的真伪

C）消息认证都是实时的

D）消息认证可通过认证码实现

（51）关于 RSA 密码体制的描述中，正确的是

A）安全性基于椭圆曲线问题

B）是一种对称密码体制

C）加密速度很快

D）常用于数字签名

（52）关于 Kerberos 认证系统的描述中，错误的是

A）有一个包含所有用户密钥的数据库

B）用户密钥是一个加密口令

C）加密算法必须使用 DES

D）Kerberos 提供会话密钥

（53）用 RSA 算法加密时，已知公钥是（e=7, n=20），私钥是（d=3, n=20），用公钥对消息 M=3 加密，得到的密文是

    A）19　　　　　　　　　　　　　　B）13

    C）12　　　　　　　　　　　　　　D）7

（54）下面哪个地址不是组播地址？

    A）224.0.1.1　　　　　　　　　　　B）232.0.0.1

    C）233.255.255.1　　　　　　　　　D）240.255.255.1

（55）下面哪种 P2P 网络拓扑不是分布式非结构化的？

    A）Gnutella　　　　　　　　　　　B）Maze

    C）LimeWire　　　　　　　　　　　D）BearShare

（56）关于即时通信的描述中，正确的是

    A）只工作在客户机/服务器方式

    B）QQ 是最早推出的即时通信软件

    C）QQ 的聊天通信是加密的

    D）即时通信系统均采用 SIP 协议

（57）下面哪种服务不属于 IPTV 通信类服务？

    A）IP 语音服务　　　　　　　　　　B）即时通信服务

    C）远程教育服务　　　　　　　　　D）电视短信服务

（58）从技术发展角度看，最早出现的 IP 电话工作方式是

    A）PC-to-PC　　　　　　　　　　　B）PC-to-Phone

    C）Phone-to-PC　　　　　　　　　　D）Phone-to-Phone

（59）数字版权管理主要采用数据加密、版权保护、数字签名和

    A）认证技术　　　　　　　　　　　B）数字水印技术

    C）访问控制技术　　　　　　　　　D）防篡改技术

（60）网络全文搜索引擎一般包括搜索器、检索器、用户接口和

    A）索引器　　　　　　　　　　　　B）机器人

    C）爬虫　　　　　　　　　　　　　D）蜘蛛

二、填空题（每空 2 分，共 40 分）

    请将每空的正确答案写在答题卡【1】-【20】序号的横线上，答在试卷上不得分。

（1）精简指令集计算机的英文缩写是 【1】 。

（2）流媒体数据流具有连续性、实时性和 【2】 三个特点。

（3）00-60-38-00-08-A6 是一个 【3】 地址。

（4）Ethernet V2.0 规定帧的数据字段的最大长度是 【4】 。

（5）RIP 协议用于在网络设备之间交换 【5】 信息。

（6）网络协议的三个要素是 【6】 、语义与时序。

（7）TCP/IP 参考模型的主机-网络层对应于 OSI 参考模型的物理层与 【7】 。

（8）一台 Ethernet 交换机提供 24 个 100Mbps 的全双工端口与 1 个 1Gbps 的全双工端口，在交换机满配置情况下的总带宽可以达到 【8】 。

（9） Web OS 是运行在【9】中的虚拟操作系统。

（10）Novell 公司收购了 SUSE，以便通过 SUSE【10】Professional 产品进一步发展网络操作系统业务。

（11）IP 服务的三个特点是：不可靠、面向非连接和【11】 。

（12）如果一个 IP 地址为 10.1.2.20，子网掩码为 255.255.255.0 的主机需要发送一个有限广播数据报，该有限广播数据报的目的地址为【12】 。

（13）IPv6 的地址长度为【13】位。

（14）浏览器结构由一个【14】和一系列的客户单元、解释单元组成。

（15）为了解决系统的差异性，Telnet 协议引入了【15】 ，用于屏蔽不同计算机系统对键盘输入解释的差异。

（16）SNMP 从被管理设备收集数据有两种方法：基于【16】方法和基于中断方法。

（17）数字签名是笔迹签名的模拟，用于确认发送者身份，是一个【17】的消息摘要。

（18）包过滤防火墙依据规则对收到的 IP 包进行处理，决定是【18】还是丢弃。

（19）组播允许一个发送方发送数据包到多个接收方。不论接收组成员的数量是多少，数据源只发送【19】数据包。

（20）P2P 网络存在四种主要结构类型，Napster 是【20】目录式结构的代表。

2009 年 3 月三级网络技术笔试试卷答案和解析

(1) 【答案】B【解析】本题属于常识性题目，考查考生对身边相关知识的了解。我国于1958 年 8 月 1 日研制成功第一台电子管计算机——103 机。1959 年 10 月，我国又研制成功通用大型电子管计算机——104 机。

(2) 【答案】C【解析】本题考查计算机应用的相关知识。计算机的应用已经深入到工业、农业、财政金融、交通运输、文化教育、国防安全以及国家行政办公等各行各业，并已经开始走进家庭。概括起来，应用技术领域可分为科学计算、事务处理、过程控制、辅助工程、人工智能、网络应用和多媒体的应用等几个方面。计算模拟已经成为一种特殊的模拟方法，如模拟核爆炸、模拟经济运行、进行中长期天气预报等。过程控制对计算机要求并不高，常使用微控制器芯片或者低档微处理器芯片，并做成嵌入式的装置。选项 C 说法错误，为本题正确答案。

(3) 【答案】D【解析】本题考查服务器的分类。服务器按应用范围划分有入门级服务器、工作组级服务器、部门级服务器和企业级服务器，选项 A 说法错误。按用途划分有文件服务器、数据库服务器、电子邮件服务器、应用服务器等，选项 B 和选项C 说法错误。按机箱结构划分有台式服务器、机架式服务器、机柜式服务器和刀片式服务器。刀片式服务器是指标准高度的机架式机箱内可插装多个卡式的服务器单元，每一块"刀片"，实际上就是一块系统主板，选项 D 说法正确。

(4) 【答案】A【解析】本题考查计算机配置的知识。服务器 U 是一种表示服务器外部尺寸的单位，是 unit 的缩略语，并不是代表多少个机箱，而是机箱的尺寸，选项 A说法错误。

(5) 【答案】B【解析】本题考查软件开发的相关知识。软件生命周期通常分为三大阶段，计划阶段、开发阶段、运行阶段，选项 A 说法错误。开发阶段分为前期和后期，开发前期为需求分析、总体设计、详细设计三个阶段，选项 B 说法正确；开发后期分为编码、测试 2 个子阶段，运行阶段主要任务是软件维护，选项 C 说法错误。每个阶段都有许多工作，并用文档记录下来，选项 D 说法错误。

(6) 【答案】D【解析】本题考查多媒体的知识。多媒体信息性大，可以被压缩使用。同时多媒体存在许多数据冗余，这是其压缩的基础。按照压缩原理其分为熵编码（无损压缩）、源编码（有损压缩）和混合编码。预测编码是根据离散信号之间存在着一定关联性的特点，利用前面一个或多个信号预测下一个信号进行，然后，对实际值和预测值的差（预测误差）进行编码。如果预测比较准确，误差就会很小。在同等精度要求的条件下，就可以用比较少的比特进行编码，达到压缩数据的目的。预测编码并不是交换编码。选项 D 说法错误。

(7) 【答案】A【解析】本题考查数据报交换方式的概念。数据报是报文分组存储转发的一种形式，在数据报方式中，分组传输前，不需要预先在源主机与目的主机之间建立"线路连接"，选项 A 说法错误。源主机发送的每个分组都可以独立选择一条传输路径，每个分组在通信子网中可以能通过不同的传输路径到达目的主机。

(8) 【答案】D【解析】本题考查无线局域网的知识。IEEE802.11 结点发送数据帧时，如果信道空闲，节点可以发送数据帧，发送站在发送完一帧后，必须等待一个短的时间间隔，检查接收站是否返回用于确认的 ACK 帧，这个时间间隔称为帧间间隔。帧间间隔的长短取决于帧类型，高优先级帧的帧间间隔短，可以优先获得发送权。

(9) 【答案】B【解析】本题考查 Web 应用的知识。域名解析就是将域名重新转换为 IP 地址的过程。一个域名只能对应一个 IP 地址，而多个域名可以同时被解析到一个 IP 地址。域名解析需要由专门的域名解析服务器（DNS）来完成，所以域名解析不是 Web 应用。选项 B 为本题正确答案。

(10) 【答案】C【解析】本题考查千兆以太网的概念。千兆以太网保留着 10Mbps 以太网的基本特征，它们具有相同的帧格式与类似的组网方法，只是将每位的发送时间降低到 1ns。1000BASE-T 标准定义了千兆介质独立接口 GMII，它将 MAC 子层与物理层分隔开来。千兆以太网可以使用双绞线和光纤等多种传输介质，选项 C 说法错误。

(11) 【答案】C【解析】本题考查虚拟局域网的概念。虚拟网络建立在交换技术的基础上，选项 C 正确。

(12) 【答案】C【解析】本题考查 OSI 参考模型的概念。OSI 参考模型的划分层次原则有：网络中各结点都有相同的层次，不同结点的同等层具有相同的功能，同一结点内相邻层之间通过接口通信，每一层使用下层提供的服务，并向其上层提供服务，选项 A 说法错误；不同结点的同等层按照协议实现对等层之间的通信，选项 C 说法正确；高层不需要知道低层的实现方法，选项 B 说法错误；不同结点不需要使用相同的操作系统，选项 D 说法错误。

(13) 【答案】B【解析】本题考查数据传输速率，非常简单，但如果不注意单位的话，很容易出错。传送 10bit 数据要用 10^{-8}s，那么，每秒要传送数据的量为 $10/10^{-8}=10^9$bps=1000Mbps=1Gbps。另外，考生还应知道 bps 的含义是比特/秒（bit/second 或 bit per second）。

(14) 【答案】D【解析】本题考查传统 Ethernet 的概念。传统 Ethernet 是一种典型的总线型局域网，结点通过广播方式发送数据。Ethernet 的核心技术是它的随机争用型介质访问控制方法，即带有冲突检测的载波侦听多路访问 CSMA/CD（Carrier Sense Multiple Access with Collision Detection）方法。选项 D 说法错误。

(15) 【答案】A【解析】本题考查网桥的概念。网桥在局域网中经常用来将一个大型局域网分成既独立又能互相通信的多个子网的互联结构，从而可以改善各个子网的性能与安全性。网桥是数据链路层互联的设备。网桥用来实现多个网络系统之间的数据交换，起到数据接收、地址过滤与数据转发的作用。正确答案为选项 A。

(16) 【答案】C【解析】本题考查 TCP/IP 参考模型。TCP/IP 协议中负责提供连接的协议是 TCP 协议，运行于传输层的 TCP 协议能够提供一个可靠的（保证传输的数据不重复、不丢失）、面向连接的、全双工的数据流传输服务。该协议采用 3 次握手，确保了连接的可靠性。UDP 是不可靠的，FTP 是文件传输协议，DNS 是域名解析协议。综上所述，本题正确答案为选项 C。

(17) 【答案】C【解析】本题考查无线局域网的概念。1997 年，第一个无线局域网标准

IEEE802.11 形成，它定义了使用红外、跳频扩频与直接序列扩频技术，传输速率有 1Mbps 或 2Mbps 的无线局域网标准。蓝牙并非 IEEE802.11 所规定。

(18)【答案】B【解析】本题考查网络层的概念。网络层的主要任务是通过路由选择算法，为分组通过通信子网选择最适当的路径。网络层要实现路由选择、拥塞控制与网络互连等功能，主要功能是路由选择，选项 B 说法正确。链路层是在物理层提供比特流传输服务的基础上，在通信的实体之间建立数据链路连接，传送以帧为单位的数据，选项 A 说法错误。应用层是 OSI 参考模型中的最高层。应用层不仅要提供应用进程所需的信息交换和远程操作，而且还要作为应用进程的用户代理（User Agent），来完成一些为进行信息交换所必须具有的功能，选项 C 说法错误。传输层的主要任务是向用户提供可靠的端到端（End-to-End）服务，透明地传送报文。它向高层屏蔽了下层数据通信的细节，因而是计算机通信体系结构中最关键的一层，选项 D 说法错误。

(19)【答案】C【解析】本题考查 1000BASE-T 标准。1000BASE-T 标准规定了使用 5 类非屏蔽双绞线（选项 C 正确），双绞线长度可达到 100m。1000BASE-CX：使用屏蔽双绞线，双绞线长度可达到 25m；1000BASE-LX：使用波长为 1300nm 的单模光纤，光纤长度可达到 3000m；1000BASE-SX：使用波长为 850nm 的多模光纤，光纤长度可达到 300～550m。

(20)【答案】D【解析】本题考查 Internet 常用协议。DHCP 是动态主机分配协议，FTP 是文件传输协议，CMIP 是通用管理信息协议，SMTP 是简单邮件传输协议。本题正确答案为选项 D。

(21)【答案】B【解析】本题考查 IEEE 802 模型的概念。IEEE 802 标准规定，局域网参考模型只对应 OSI 参考模型的数据链路层与物理层，它将数据链路层划分为逻辑链路控制 LLC（Logical Link Control）子层与介质访问控制 MAC（Media Access Control）子层。选项 B 正确。

(22)【答案】B【解析】本题考查 Ad hoc 网络的知识。Ad hoc 无线子组网采用一种不需要基站的"对等结构"移动通信模式。Ad hoc 网络中没有固定的路由器。这种网络中的所有用户都可能移动，并且系统支持动态配置和动态流量控制，已在军事领域获得广泛的应用。Ad hoc 并非在 WLAN 的基础上发展起来，选项 B 说法错误。

(23)【答案】A【解析】本题考查常用软件。Skype 是一款语音通话软件，不是文件共享类型的软件。其他 3 个选项均为 P2P 应用软件。

(24)【答案】D【解析】本题考查操作系统的知识。服务器操作系统是多用户、多任务的系统，选项 A 说法正确；通常采用多线程的处理方式，选项 B 说法正确；线程比进程需要的系统开销小，选项 C 说法正确。线程管理比进程管理复杂的说法是不对的，选项 D 说法错误。

(25)【答案】B【解析】本题考查 Windows 操作系统的知识。Windows 98 时已经与 IE 集成，选项 A 说法错误；Windows 2003 R2 在靠性和安全性都做了较大提高，选项 C 说法错误；Windows 2008 采用了很多新技术，与前面版本相比，有实质性的改进，选项 D 说法错误。选项 B 的说法正确。

(26)【答案】B【解析】本题考查活动目录的概念。活动目录是 Windows 2000 Server 引进的一项新功能，能把网络中的各种对象组织起来进行管理，方便了网络对象的查找。活动目录包括两个方面：一是目录，另一个是目录服务，选项 A 说法正确。Windows 2000 Server 的基本管理单位是域（Domain）。域是安全便捷，即域管理员只能管理域的内部，除非其他域赋予它管理权限，它才能够访问或者管理其他域，活动目录将域细分为组织单元，选项 B 说法错误。活动目录采用树状的逻辑结构，选项 C 说法正确。若干个域可以构成一颗域树，若干棵域树可以构成域森林，选项 D 说法正确。

(27)【答案】A【解析】本题考查 Unix 操作系统的知识。Unix 的系统结构可分为两大部分，一部分是操作系统的内核，另一部分是系统的外壳，选项 A 说法正确。内核部分又由两个主要部分组成，即文件子系统和进程控制子系统，选项 B 说法错误。外壳由 Shell 解释程序、支持程序设计的各种语言、编译程序和解释程序、实用程序和系统调用接口等组成，选项 C 说法错误。内核部分的操作原语对用户程序不起作用，选项 D 说法错误。

(28)【答案】C【解析】本题考查 Linux 操作系统的知识。Linux 操作系统适合作为 Internet 标准服务服务平台(选项 B 说法正确)，具有良好的用户界面，主要有 KDE 和 GNOME 两种图形用户界面（选项 D 说法正确）。Linux 最大的特点是开放源代码，内核代码与 Unix 不同（选项 A 说法正确），但符合 Unix 标准。Linux 的文件系统是树状结构，选项 C 说法错误。

(29)【答案】A【解析】本题考查 TCP/IP 协议集的知识。在 TCP/IP 协议集里，传输控制协议 TCP 和用户数据报协议 UDP 运行于传输层，它利用 IP 层提供的服务，提供端到端的可靠的（TCP）和不可靠的（UDP）服务。TCP/IP 协议集中不仅仅有 TCP、UDP 协议，还有很多其他协议，选项 A 说法错误。

(30)【答案】C【解析】本题考查 IP 互联网的知识。对于一台独立的计算机来说，接入因特网通常采用两种方法：一种方法是通过电话线路直接与 ISP 连接，另一种方法是连接到已经接入因特网的局域网上。IP 互联网并不要求物理网络之间全互连，选项 C 说法错误。

(31)【答案】B【解析】本题考查特殊的 IP 地址形式。127.0.0.1 是一个保留地址，用于网络软件测试以及本地机器进程间通信，这个 IP 地址称为回送地址，选项 B 正确。

(32)【答案】A【解析】本题考查子网掩码的知识。子网掩码用于辅助划分网络，其划分规则为，对应位为 1 时，该段 IP 表示网络号；对应位为 0 时，该段 IP 表示主机号。由此可知，该主机的网络号是 20.22.25.0，主机号是 6，选项 A 正确。

(33)【答案】B【解析】本题考查 Internet 协议的知识。IP 协议用于互联网上各个终端之间通信，ARP 是地址解析协议，DNS 是域名解析，TCP 是传输控制协议。本题正确答案是选项 B。

(34)【答案】C【解析】本题考查 IPv4 数据报的知识。报头中有两个表示长度的域，一个为报头长度，一个为总长度。报头长度以 32 位双字为单位，指出该报头的长度。在没有选项和填充的情况下，该值为"5"。总长度以 8 位字节为单位，指示整个 IP 数据报的长度，其中包含头部长度和数据区长度。

(35)【答案】D【解析】本题考查 IP 数据报的知识。下面通过一个例子来解答本题，假如主机 1 连接着 MTU 值为 1500B 的网络 1，因此，每次连接的 IP 数据报的最大尺寸为 1500B。而主机 2 连接着 MTU 值为 1000B 的网络 2，因此，主机 2 可以传送的 IP 数据报的最大尺寸为 1000B。如果主机 1 需要将一个 1400B 的数据报发送给主机 2，路由器 R 尽管能够收到主机 1 发送的数据报，却不能在网络 2 上转发它。为了解决这一问题，IP 互联网通常采用分片与重组技术。选项 D 正确。

(36)【答案】A【解析】本题考查 ICMP 协议的概念。ICMP 差错报文有以下几个特点：差错报告不享受特别优先权和可靠性，作为一般数据传输，选项 A 说法错误。ICMP 差错报告数据中除包含故障 IP 数据报报头外，还包含故障 IP 数据报数据区的前 64 位数据。ICMP 差错报告是伴随着抛弃出错 IP 数据报而产生的。

(37)【答案】B【解析】本题考查 IP 数据包的传输知识。在表中，IP 数据包在传输的过程中，该路由器接收到该数据包，并判断目的地址 10.1.2.5 是否与自己属同一网络，显然不在同一网络。该路由器必须将 IP 数据包投递给另一路由器，该路由器的路由表中有对应目的网络的下一跳步，所以将其投给 IP 地址应为 10.2.0.5 的路由器，所以选项 B 正确。

(38)【答案】C【解析】本题考查动态路由协议。RIP 协议是向量-距离路由选择算法在局域网上的直接实现。它规定了路由器之间减缓路由信息的时间、交换信息格式、错误处理等内容。OSPF 协议以链路-状态算法为基础，具有收敛速度快、支持服务类型选路、提供负载均衡和身份认证等特点。选项 C 正确。

(39)【答案】D【解析】本题考查 TCP 协议的概念。为确保连接的可靠建立，TCP 采用的技术是著名的 3 次握手。选项 D 正确。

(40)【答案】A【解析】本题考查客户机/服务器模式的概念。客户机/服务器模式中，服务器被动等待客户机主动发出的请求，处理请求后，再将结果发回给客户端，选项 A 说法正确。

(41)【答案】C【解析】本题考查域名系统的概念。域名解析有两种方式，第一种为递归解析，要求域名服务器系统一次性完成全部名字-地址变换。第二种为反复解析，每次请求一个服务器，不行再请求别的服务器，选项 C 说法错误。

(42)【答案】B【解析】本题考查 FTP 相关知识。在 FTP 协议中，pwd（print work directory）命令的作用是显示远程主机的当前目录，选项 B 正确。请求用户输入密码的命令是 PASS，在远程主机中创建目录的命令是 MKDIR。FTP 数据连接有主动和被动两种模式，默认为主动传输模式，使用 passive 命令可以进入被动传输模式。

(43)【答案】C【解析】本题考查电子邮件的相关知识。为了使电子邮件能够传输多媒体等二进制信息，MIME 协议对 RFC822 进行了扩充，即扩充了 RFC822 的基本邮件头和邮件体模式，但在此基础上增加了一些邮件头字段，并要求对邮件体进行编码。选项 C 正确。

(44)【答案】B【解析】本题考查 WWW 服务系统的概念。WWW 服务采用客户机/服务器工作模式。它以超文本标记语言 HTML 与超文本传输协议 HTTP 为基础，为用户提供界面一致的信息浏览系统。选项 B 说法错误。

(45)【答案】D【解析】本题考查 SNMP 的概念。SNMP V1、SNMP V2、SNMP V3 为网络管理协议的三个不同版本。SNMP V1 最大的特点是简单性，容易实现且成本低；

SNMP V2 在提高安全性和更有效地传递管理信息方面做了改进，具体包括提供验证、加密和时间同步机制；SNMP V3 的重点是安全、可管理的体系结构和远程配置。目前还没有 SNMPv4。选项 D 为正确答案。

(46)【答案】D【解析】本题考查信息系统安全保护等级划分准则的知识。我国将信息和信息系统的安全保护从低到高分为 5 个等级：自主保护级、指导保护级、监督保护级、强制保护级、专控保护级。选项 D 正确。

(47)【答案】A【解析】本题考查安全攻击的知识。安全攻击分为被动攻击和主动攻击，被动攻击包括窃听、检测和流量分析，选项 A 为正确答案；主动攻击包括伪装、重放、消息篡改、拒绝服务、分布式拒绝服务。

(48)【答案】C【解析】本题考查 AES 加密算法的概念。AES 为高级加密标准，安全性能不低于 3DES，分组长度 128 位，密钥长度为 128、192 或 256 位，选项 C 正确。

(49)【答案】C【解析】本题考查 RC5 加密算法的概念。RC5 是算法设计的一种对称加密算法。它是参数可变分组密码算法，此算法中使用的 3 种运算有：异或、加和循环，并没有置换，选项 C 为本题正确答案。

(50)【答案】C【解析】本题考查消息认证的知识。消息认证就是使意定的接收者能够检验收到的消息是否真实的方法，又称为完整性校验，选项 A 说法正确。消息认证的内容应该包括：证实消息的信源和信宿，选项 B 说法正确；消息内容是否曾收到偶然或有意的篡改；消息的序号和时间是否正确。认证消息的完整性通常有两条途径，采用消息认证码或者是采用篡改检测码，选项 D 说法正确。消息认证并非实时，选项 C 说法错误。

(51)【答案】D【解析】本题考查 RSA 密码体制的概念。目前公钥体制的安全基础主要是数学中的难解问题，主要分为：基于大整数因子分解问题和离散对数问题，而 RSA 体制，是基于大整数因子分解，而 Elgamal 体制、椭圆曲线密码体制等是基于离散对数问题，选项 A 说法错误。RSA 是一种分组密码，是既能用于数据加密也能用户数字签名的不对称算法，选项 B 说法错误，选项 D 说法正确；但加密速度较慢，选项 C 说法错误。

(52)【答案】C【解析】本题考查 Kerberos 认证系统的概念。Kerberos 有一个存有所有用户密钥的数据库，选项 A 说法正确；对于每个用户来说，用户密钥是一个加密口令，选项 B 说法正确；需要鉴别的网络业务以及希望运用这些业务的客户机需要用 Kerberos 注册其密钥。Kerberos 还能产生会话密钥，只供一个客户端和一个服务器使用，选项 D 说法正确。Kerberos 是一种不对称密码网络认证协议，一般使用 DES 加密算法进行加密和认证，但不限于 DES，选项 C 说法错误。

(53)【答案】D【解析】本题考查 RSA 加密算法的计算。消息为 M=3，加密后的值为 c=（M**d）%n=3³%n（3×3×3）%20=7，因此加密后的消息 c=7。选项 D 正确。注：**表示次方。

(54)【答案】D【解析】本题考查 IPv4 地址的知识。IPv4 的地址有 5 种，分别是 A、B、C、D、E，其中 D 类地址为组播地址。D 类地址是从 224.0.0.0 到 239.255.255.255 之间的 IP 地址，其中 224.0.0.0 到 224.0.0.255 是保留地址。组播协议的地址范围类似于一般的单播地址，划分为两个大的地址范围，239.0.0.0~239.255.255.255 是私有地址，供各个内部网在内部使用，这个地址的组播不能上公网，类似于单播协议使用的 192.168.X.X 和 10.X.X.X。224.0.1.0~238.255.255.255 是公用的组播地址，可以用于 Internet 上。选项 D 的 240.255.255.1 不在组播地址的范围内，为正确答案。

(55)【答案】B【解析】本题考查 P2P 网络拓扑的知识。目前 P2P 网络存在 4 种主要的结构类型，以 Napster 为代表的集中目录式结构，以 Gnutella 为代表的分布式非结构化 P2P 网络结构，以 Pastry、Tapestry、Chord、CAN 为代表的分布式结构化 P2P 网络结构和以 Skype、eDonkey、BitTorent、PPLive 为代表的混合式 P2P 网络结构。LimeWire 和 BearShare 都是是一个使用 Gnutella 网络来寻找与传送档案的点对点档案分享客户端。Maze 又称作天网，是北京大学网络实验室的研究生共同开发的一个 P2P 文件共享系统，并不是分布式非结构化 P2P 网络结构。选项 B 正确。

(56)【答案】C【解析】本题考查即时通信的知识。即时通信系统一般采用两种通信模式，一种是客户机/服务器模式，另一种是客户机/客户机模式，选项 A 说法错误。QQ 是我国出现较早的一款即时通信软件，但不是最早的，选项 B 说法错误。目前很多即时通信系统都采用服务商自己设计开发的 IM 协议，选项 D 说法错误。选项 C 的说法正确。

(57)【答案】C【解析】本题考查 IPTV 的知识。IPTV 业务集语音、视频和数据业务为一体，能够根据用户需要，提供诸如视频点播、时移电视和网络录像以及互动视频业务，有很好的发展前景。远程教育不属于 IPTV 通信类服务，选项 C 为本题正确答案。

(58)【答案】A【解析】本题考查 IP 电话的知识。VoIP 俗称 IP 电话，是利用 IP 网络实现语音通信的一种先进通信手段，从技术来讲，最先出现的 PC-to-PC 这种方式，它以多媒体技术为基础，选项 A 正确。

(59)【答案】B【解析】本题考查数字版权管理的知识。数字版权管理主要采用数据加密、版权保护、数字水印和签名技术。选项 B 为正确答案。

(60)【答案】A【解析】本题考查搜索引擎的知识。现在的全文搜索引擎在外观、功能等方面千差万别，但一般由搜索器、索引器、检索器和用户接口组成。选项 A 为正确答案。

二、填空题

(1) 【答案】【1】RISC【解析】本题考查常用英文缩写。精简指令集计算机的英文缩写为 RISC，全称为：Reduced Instruction Set Computer。

(2) 【答案】【2】时序性【解析】本题考查流媒体的特点。流媒体数据流有 3 个特点：连续性、实时性、时序性。

(3) 【答案】【3】MAC 或 以太网物理地址【解析】本题考查 MAC 地址的知识。MAC 地址是由 48 位二进制吗组成，通常用 6 组十六进制数表示，由此可见题 00-60-38-00-08-A6 是一个 MAC 地址。

(4) 【答案】【4】1500B 或 1500 字节【解析】本题考查 Ethernet 帧结构的概念。Ethernet V2.0 规定帧的数据字段的最大长度是 1500B。

(5) 【答案】【5】路由 或 路由选择【解析】本题考查 RIP 协议的概念。路由信息协议（RIP）是一种在网关与主机之间交换路由选择信息的标准。

（6）【答案】【6】语法【解析】本题考查网络协议的组成。网络主要由以下 3 个要素组成：语法，规定用户数据与控制信息的结构和格式；语义，规定需要发出何种控制信息以及完成的动作与做出的响应；时序，即对事件实现顺序的详细说明。一个功能完备的计算机网络需要定制一套复杂的协议集，对于复杂的计算机网络协议最好的组织方式是层次结构模型。

（7）【答案】【7】数据链路层【解析】本题考查 TCP/IP 参考模型的知识。OSI 参考模型中的应用层、表示层、会话层对应于 TCP/IP 参考模型的应用层；OSI 的传输层对应于 TCP/IP 参考模型的传输层；OSI 的网络层对应于 TCP/IP 模型的互联层；OSI 模型的数据链路层、物理层对应于 TCP/IP 模型的主机-网络层。

（8）【答案】【8】6.8Gbps 或 6800 Mbps 或其他等价形式【解析】本题考查带宽的计算。全双工 100 兆端口全开时每个为 200M，还有一个千兆全双工端口带宽为 2000M，24×200+2000=6.8Gbps。

（9）【答案】【9】网页浏览器【解析】本题考查 Web OS 的知识。Web OS 是运行在网页浏览器中的虚拟操作系统。

（10）【答案】【10】Linux【解析】本题考查 Linux 操作系统的知识。Novell 公司收购了 SUSE，以便通过 SUSE Linux Professional 产品进一步发展网络操作系统业务。

（11）【答案】【11】尽最大努力投递【解析】本题考查 IP 服务的特点。IP 服务的特点是不可靠的数据投递服务、面向无连接的传输服务、尽最大努力投递服务。

（12）【答案】【12】255.255.255.255【解析】本题考查广播的知识。IP 具有两种广播地址形式，一种叫直接广播地址，另一种叫有限广播地址。直接广播地址包含一个有效的网络号和一个全"1"的主机号，其作用是因特网上的主机向其他网络广播信息。32 位全为"1"的 IP 地址（255.255.255.255）叫做有限广播地址，用于本网广播。它将广播限制在最小的范围内。

（13）【答案】【13】128【解析】本题考查 IP 地址的知识。IP 地址的层次是按网络逻辑结构划分的，一个 IP 地址由两部分组成，即网络号和主机号。IPv4 地址由 32 位二进制数组成（4 个字节），IPv6 采用了 128 位地址长度。

（14）【答案】【14】控制单元【解析】本题考查浏览器的知识。浏览器由一个控制单元和一系列的客户机单元、解释单元组成。

（15）【答案】【15】NVT 或 网络虚拟终端【解析】本题考查 Telnet 协议的知识。Telnet 协议引入了网络虚拟终端（NVT），它提供了一种标准的键盘定义，用来屏蔽不同计算机系统对键盘输入的差异性。

（16）【答案】【16】轮询【解析】本题考查 SNMP 协议的概念。SNMP 从被管理设备中收集数据有两种方法：一种是基于轮询的方法，另一种是基于中断的方法。

（17）【答案】【17】加密【解析】本题考查数字签名的知识。利用公钥密码体制，数字签名是一个加密的消息摘要。

（18）【答案】【18】转发【解析】本题考查防火墙的知识。包过滤路由器依据一套规则对收到的 IP 包进行处理，决定是转发还是丢弃。

（19）【答案】【19】一次【解析】本题考虑组播的知识。组播允许一个发送方发送数据包到多个接收方。不论接收组成员的数量是多少，数据源只发送一次数据包。

（20）【答案】【20】集中【解析】本题考查 P2P 网络的知识。目前 P2P 网络存在 4 种主要结构类型，以 Napster 为代表的集中式结构，又称为集中目录式，以 Gnutella 为代表的分布式非结构化 P2P 网络结构，以 Pastry、Tapestry、Chord、CAN 为代表的分布式结构化 P2P 网络结构和以 Skype、eDonkey、BitTorent、PPLive 为代表的混合式 P2P 网络结构。Napster 是最早出现的 P2P 系统之一，并在短期内迅速成长起来。Napster 实质上并非是纯粹的 P2P 系统，它通过一个中央服务器保存所有 Napster 用户上传的音乐文件索引和存放位置的信息。当某个用户需要某个音乐文件时，首先连接到 Napster 服务器，在服务器进行检索，并由服务器返回存有该文件的用户信息；再由请求者直接连到文件的所有者传输文件。

2009 年 9 月三级网络技术笔试试卷

（考试时间 120 分钟，满分 100 分）

一、选择题（每题 1 分，共 60 分）

下列各题 A）、B）、C）、D）四个选项中，只有一个选项是正确的，请将正确选项涂写在答题卡相应位置上，答在试卷上不得分。

（1）我国研制成功第一台通用电子管 103 计算机是在

　　A）1957 年　　　B）1958 年　　　C）1959 年　　　D）1960 年

（2）关于计算机应用的描述中，正确的是

　　A）事务处理的数据量小、实时性不强

　　B）智能机器人不能从事繁重的体力劳动

　　C）计算机可以模拟经济运行模式

　　D）嵌入式装置不能用于过程控制

（3）关于客户端计算机的描述中，错误的是

　　A）包括台式机、笔记本及工作站等

　　B）大多数工作站属于图形工作站

　　C）可分为 RISC 工作站和 PC 工作站

　　D）笔记本类手持设备越来越受到欢迎

（4）关于处理芯片的描述中，正确的是

　　A）奔腾芯片是 32 位的

　　B）双核奔腾芯片是 64 位的

　　C）超流水线技术内置多条流水线

　　D）超标量技术可细化流水

（5）关于软件的描述中，错误的是

　　A）可分为系统软件和应用软件　　B）系统软件的核心是操作系统

　　C）共享软件的作者不保留版权　　D）自由软件可自由复制和修改

（6）关于流媒体的描述中，正确的是

　　A）流媒体播放都没有启动延时

　　B）流媒体内容都是线性组织的

　　C）流媒体服务都采用客户/服务器模式

　　D）流媒体数据流需要保持严格的时序关系

（7）对计算机网络发展具有重要影响的广域网是

　　A）ARPANET　　　B）Ethernet　　C）Token Ring　　D）ALOHA

（8）关于网络协议的描述中，错误的是

　　A）为网络数据交换制定的规则与标准

B）由语法、语义与时序三个要素组成

C）采用层次结构模型

D）语法是对事件实现顺序的详细说明

（9）如果网络系统发送 1bit 数据所用时间为 10^{-7}s，那么它的数据传输速率为

　　A）10Mbps　　　　　　　　　　B）100Mbps

　　C）1Gbps　　　　　　　　　　　D）10Gbps

（10）在 OSI 参考模型中，负责实现路由选择功能的是

　　A）物理层　　　　　　　　　　　B）网络层

　　C）会话层　　　　　　　　　　　D）表示层

（11）关于万兆以太网的描述中，正确的是

　　A）应考虑介质访问控制问题　　B）可以使用屏蔽双绞线

　　C）只定义了局域网物理层标准　　D）没有改变以太网的帧格式

（12）在 Internet 中实现文件传输服务的协议是

　　A）FTP　　　　　　　　　　　　B）ICMP

　　C）CMIP　　　　　　　　　　　D）POP

（13）具有拓扑中心的网络结构是

　　A）网状拓扑　　　　　　　　　　B）树状拓扑

　　C）环型拓扑　　　　　　　　　　D）星型拓扑

（14）IEEE 针对无线局域网制定的协议标准是

　　A）IEEE 802.3　　　　　　　　B）IEEE 802.11

　　C）IEEE 802.15　　　　　　　　D）IEEE 802.16

（15）1000BASE-LX 标准支持的传输介质是

　　A）单模光纤　　　　　　　　　　B）多模光纤

　　C）屏蔽双绞线　　　　　　　　　D）非屏蔽双绞线

（16）关于共享介质局域网的描述中，错误的是

　　A）采用广播方式发送数据　　　　B）所有网络结点使用同一信道

　　C）不需要介质访问控制方法　　　D）数据在传输过程中可能冲突

（17）如果千兆以太网交换机的总带宽为 24Gbps，其全双工千兆端口数量最多为

　　A）12 个　　　　　　　　　　　B）24 个

　　C）36 个　　　　　　　　　　　D）48 个

（18）在 TCP/IP 参考模型中，提供无连接服务的传输层协议是

　　A）UDP　　　　　　　　　　　　B）TCP

　　C）ARP　　　　　　　　　　　　D）OSPF

（19）关于网桥的描述中，正确的是

　　A）网桥无法实现地址过滤与帧转发功能

　　B）网桥互联的网络在网络层都采用不同协议

　　C）网桥是在数据链路层实现网络互联的设备

　　D）透明网桥由源结点实现帧的路由选择功能

（20）以下不属于即时通信的是

A）DNS   B）MSN

C）ICQ   D）QQ

（21）OSI 参考模型的网络层对于 TCP/IP 参考模型的

A）主机-网络层   B）互联层

C）传输层   D）应用层

（22）关于博客的描述中，错误的是

A）以文章的形式实现信息发布

B）在技术上属于网络共享空间

C）在形式上属于网络个人出版

D）内容只能包含文字与图片

（23）以太网帧的地址字段中保存的是

A）主机名   B）端口号

C）MAC 地址   D）IP 地址

（24）关于操作系统的描述中，正确的是

A）只管理硬件资源、改善人机接口

B）驱动程序直接控制各类硬件

C）操作系统均为双内核结构

D）进程地址空间是文件在磁盘的位置

（25）关于网络操作系统的描述中，错误的是

A）文件与打印服务是基本服务

B）通常支持对称处理技术

C）通常是多用户、多任务的

D）采用多进程方式以避免多线程出现问题

（26）关于 Windows Server 2008 的描述中，正确的是

A）虚拟化采用了 Hyper-V 技术

B）主流 CPU 不支持软件虚拟技术

C）精简版提高了安全性、降低了可靠性

D）内置了 VMware 模拟器

（27）关于 Unix 标准化的描述中，错误的是

A）Unix 版本太多，标准化复杂

B）出现了可移植操作系统接口标准

C）曾分裂为 POSIX 和 UI 两个阵营

D）统一后的 Unix 标准组织是 COSE

（28）关于操作系统产品的描述中，正确的是

A）AIX 是 HP 公司的产品

B）NetWare 是 Sun 公司的产品

C）Solaris 是 IBM 公司的产品

D）SUSE Linux 是 Novell 公司的产品

（29）在 Internet 中，不需运行 IP 协议的设备是

A）路由器   B）集线器

C）服务器   D）工作站

（30）HFC采用了以下哪个网络接入Internet？

    A）有线电视网   B）有线电话网

    C）无线局域网   D）移动电话网

（31）以下哪个不是IP服务具有的特点？

    A）不可靠   B）无连接

    C）标记交换   D）尽最大努力

（32）如果一台主机的IP地址为20.22.25.6，子网掩码为255.255.255.0，那么该主机所属的网络（包括子网）为

    A）20.22.25.0   B）20.22.0.0

    C）20.0.0.0   D）0.0.0.0

（33）如果需要将主机域名转换为IP地址，那么可使用的协议是

    A）MIME   B）DNS

    C）PGP   D）TELNET

（34）在IP报头中设置"生存周期"域的目的是

    A）提高数据报的转发效率

    B）提高数据报转发过程中的安全性

    C）防止数据报在网络中无休止流动

    D）确保数据报可以正确分片

（35）在IP数据报分片后，通常负责IP数据报重组的设备是

    A）分片途径的路由器   B）源主机

    C）分片途径的交换机   D）目的主机

（36）某路由器收到了一个IP数据报，在对其报头进行校验后发现该数据报存在错误。路由器最有可能采用的动作是

    A）抛弃该数据报   B）抑制该数据报源主机的发送

    C）转发该数据报   D）纠正该数据报的错误

（37）下图为一个简单的互联网示意图。其中，路由器S的路由表中到达网络10.0.0.0的下一跳步IP地址为

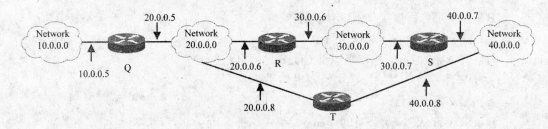

    A）40.0.0.8   B）30.0.0.7

    C）20.0.0.6   D）10.0.0.5

（38）关于RIP协议的描述中，正确的是

A）采用链路-状态算法

B）距离通常用宽带表示

C）向相邻路由器广播路由信息

D）适合于特大型互联网使用

（39）当使用 TCP 进行数据传输时，如果接收方通知了一个 800 字节的窗口值，那么发送方可以发送

A）长度为 2000 字节的 TCP 包 　　B）长度为 1500 字节的 TCP 包

C）长度为 1000 字节的 TCP 包 　　D）长度为 500 字节的 TCP 包

（40）在客户/服务器模式中，响应并请求可以采用的方案包括

A）并发服务器和重复服务器 　　B）递归服务器和反复服务器

C）重复服务器和串行服务器 　　D）并发服务器和递归服务器

（41）在 Internet 域名系统的资源记录中，表示主机地址的对象类型为

A）HINFO 　　　　　　　　　　B）MX

C）A 　　　　　　　　　　　　D）H

（42）关于 POP3 和 SMTP 的相应字符串，正确的是

A）POP3 以数字开始，SMTP 不是

B）SMTP 以数字开始，POP3 不是

C）POP3 和 SMTP 都不以数字开始

D）POP3 和 SMTP 都以数字开始

（43）WWW 系统采用的传输协议是

A）DHCP 　　　　　　　　　　B）XML

C）HTTP 　　　　　　　　　　D）HTML

（44）为了验证 WWW 服务器的真实性，防止假冒的 WWW 服务器欺骗，用户可以

A）对下载的内容进行病毒扫描

B）验证要访问的 WWW 服务器的 CA 证书

C）将要访问的 WWW 服务器放入浏览器的可信站点区域

D）严禁浏览器运行 ActiveX 控件

（45）下面哪个不是 SNMP 网络管理的工作方式？

A）轮询方式 　　　　　　　　　B）中断方式

C）基于轮询的中断方式 　　　　D）陷入制导论询方式

（46）根据计算机信息系统安全保护等级划分准则，安全要求最低的是

A）指导保护级 　　　　　　　　B）自主保护级

C）监督保护级 　　　　　　　　D）专控保护级

（47）下面属于被动攻击的是

A）拒绝服务攻击 　　　　　　　B）电子邮件监听

C）消息重放 　　　　　　　　　D）消息篡改

（48）Blowfish 加密算法处理的分组长度是

A）56 位 　　　　　　　　　　B）64 位

C）128 位 　　　　　　　　　　D）256 位

（49）下面不属于公钥加密算法的是

    A）RSA   B）AES

    C）ElGamal   D）背包加密算法

（50）关于数字签名的描述中，错误的是

    A）通常能证实签名的时间   B）通常能对内容进行鉴别

    C）必须采用 DSS 标准   D）必须能被第三方验证

（51）在 DES 加密算法中，不使用的基本运算是

    A）逻辑与   B）异或

    C）置换   D）移位

（52）关于 Kerberos 身份认证协议的描述中，正确的是

    A）Kerberos 是为 Novell 网络设计的

    B）用户须拥有数字证书

    C）加密算法使用 RSA

    D）Kerberos 提供会话密钥

（53）关于 IPSec 的描述中，错误的是

    A）主要协议是 AH 协议与 ESP 协议

    B）AH 协议保证数据完整性

    C）只使用 TCP 作为传输层协议

    D）将互联层改造为有逻辑连接的层

（54）下面哪个不是密集组播路由协议？

    A）DVMRP   B）MOSPF

    C）PIM-DM   D）CBT

（55）下面哪种 P2P 网络拓扑属于混合式结构？

    A）Chord   B）Skype

    C）Pastry   D）Tapestry

（56）关于 SIP 协议的描述中，错误的是

    A）可以扩展为 XMPP 协议

    B）支持多种即时通信系统

    C）可以运行与 TCP 或 UDP 之上

    D）支持多种消息类型

（57）下面哪种业务属于 IPTV 通信类服务？

    A）视频点播   B）即时通信

    C）时移电视   D）直播电视

（58）关于 Skype 特点的描述中，错误的是

    A）具有保密性   B）高清晰音质

    C）多方通话   D）只支持 Windows 平台

（59）数字版权管理主要采用数据加密、版权保护、认证和

    A）防病毒技术   B）数字水印技术

    C）访问控制技术   D）防篡改技术

（60）关于百度搜索技术的描述中，错误的是

A）采用分布式爬行技术   B）采用超文本匹配分析技术

C）采用网络分类技术   D）采用页面等级技术

二、填空题（每空 2 分，共 40 分）

请将每空的正确答案写在答题卡【1】-【20】序号的横线上，答在试卷上不得分。

（1）地理信息系统的英文缩写是 【1】 。

（2）服务器运行的企业管理软件 ERP 称为 【2】 。

（3）IEEE 802 参考模型将 【3】 层分为逻辑链路控制子层与介质访问控制子层。

（4）红外无线局域网的数据传输技术包括： 【4】 红外传输、全方位红外传输与漫反射红外传输。

（5）虚拟局域网是建立在交换技术的基础上，以软件方式实现 【5】 工作组的划分与管理。

（6）按网络覆盖范围分类， 【6】 用于实现几十公里范围内大量局域网的互联。

（7）以太网 MAC 地址的长度为 【7】 位。

（8）在 Internet 中，邮件服务器间传递邮件使用的协议是 【8】 。

（9）活动目录服务把域划分为 OU，称为 【9】 。

（10）红帽 Linux 企业版提供了一个自动化的基础架构，包括 【10】 、身份管理、高可用性等功能。

（11）为了保证连接的可靠建立，TCP 使用了 【11】 法。

（12）在路由表中，特定主机路由表项的子网掩码为 【12】 。

（13）一个 IPv6 地址为 21DA:0000:0000:0000:12AA:2C5F:FE08:9C5A。如果采用双冒号表示法，那么该 IPv6 地址可以简写为 【13】 。

（14）在客户/服务器模式中，主动发出请求的是 【14】 。

（15）FTP 协议规定：想服务器发送 【15】 命令可以进入被动模式。

（16）故障管理的主要任务是 【16】 故障和排除故障。

（17）对网络系统而言，信息安全主要包括两个方面：存储安全和 【17】 安全。

（18）进行唯密文攻击时，密码分析者已知的信息包括：要解密的密文和 【18】 。

（19）P2P 网络的基本结构之一是 【19】 结构，其特点是由服务器负责记录共享的信息以及回答对这些信息的查询。

（20）QQ 客户端间进行聊天有两种方式。一种是客户端直接建立连接进行聊天，另一种是用服务器 【20】 的方式实现消息的传送。

2009 年 9 月三级网络技术笔试试卷答案和解析

一、选择题

（1）　【答案】B【解析】本题属于常识性题目，考查考生对身边相关知识的了解。我国于 1958 年 8 月 1 日研究成功第一台电子管计算机——103 机。1959 年 10 月我国又研究通用大型电子管计算机——104 机。

（2）　【答案】C【解析】本题考查计算机应用。计算机模拟成为一种特殊的研究方法，如模拟核爆炸、模拟经济运行、进行中长期天气预报，选项 C 说法正确。事务处理并不涉及复杂的数学问题，但数据量大、实时性强，选项 A 说法错误。智能机器人能够代替人进行繁重的、危险的体力劳动以及简单的脑力劳动，选项 B 说法错误。过程控制对计算机要求并不高，常使用微控制芯片或者低档微处理芯片，并作为嵌入式的装置，选项 D 说法错误。

（3）　【答案】D【解析】本题考查计算机的分类。计算机分为服务器、工作站、台式机、笔记本计算机、手持设备等，其中客户端计算机包括台式机、笔记本及工作站，选项 A 说法正确。大多数工作站属于图形工作站，它与高端微机的差别主要表现在工作站通常要有一个屏幕较大的显示器，以便显示设计图、工程图、控制图等，选项 B 说法正确。RISC 是"精简指令集计算机"，它的指令相对简单，由硬件执行。中高档服务器中普遍采用这类指令系统的处理器，选项 C 说法正确。亚笔记本比笔记本更小、更轻。其他手持设备则有 PDA（个人数字助理）、商务通、快译通以及第 2 代半、第 3 代手机等，这类手持设备并非笔记本类，选项 D 说法错误。

（4）　【答案】A【解析】本题考查处理芯片的概念。目前奔腾处理器是 32 位微处理器，而安腾处理器是 64 位，考生需注意区分奔腾与安腾芯片，选项 A 说法正确。不管是单核还是双核奔腾芯片，都是 32 位的，只不过是有两个处理器，选项 B 说法错误。超标量技术是通过内置多条流水线来同时执行多个处理，其实质是用空间换取时间，选项 C 说法错误。超流水线技术是通过细化流水，提高主频，使得机器在一个周期内完成一个甚至多个操作，其实质是用时间换取空间，选项 D 说法错误。

（5）　【答案】C【解析】本题考查软件的相关知识。软件可分为系统软件和应用软件（选项 A 说法正确），系统软件的核心是操作系统（选项 B 说法正确）。共享软件不同于传统的商业软件，其特殊性在于销售方式的变化和使用程度的提高。共享软件一般是以"先使用后付费"的方式销售的享有版权的软件，选项 C 说法错误。自由软件版权仍属于原作者，但使用者可以自己复制、自由修改，选项 D 说法正确。

（6）　【答案】D【解析】本题考查流媒体的知识。流媒体是指在数据网络上按时间先后次序传输和播放的连续音频/视频数据流。流媒体数据流有 3 个体点：连续性、实时性、时序性，即其数据流具有严格的前后时序关系，选项 D 说法正确。一般情况下流媒体都存在一定的启动延时，选项 A 说法错误。流媒体内容都是非线性组织的，选项 B 说法错误。传统的流媒体服务大都（并不是所有的）是客户机/服务器模式，即用户从流媒体服务器点击观看节目，然后流媒体服务器以单播放时把流媒体推送给用户，选项 C 说法错误。

（7）【答案】A【解析】本题考查网络的基本概念。Internet 最早来源于 1969 年美国国防部高级研究计划局（Defense Advanced Research Projects Agency，DARPA）的前身 ARPA 建立的 ARPANet。最初的 ARPANet 主要用于军事研究目的。1972 年，ARPANet 首次与公众见面，由此成为现代计算机网络诞生的标志。ARPANet 在技术上的另一个重大贡献是 TCP/IP 协议簇的开发和使用。ARPANet 试验并奠定了 Internet 存在和发展的基础，较好地解决了异种计算机网络之间互联的一系列理论和技术问题。Ethernet 是 1976 年，美国 Xerox 公司研制的总线拓扑网；Token Ring 为令牌环网，ALOHA 是地面无线分组广播网的简称。本题正确答案为选项 A。

（8）【答案】D【解析】本题考查网络协议的概念。为网络数据交换而制定的规则、约定与标准被称为网络协议（Protocol），选项 A 说法正确。网络协议主要由 3 个要素组成：语法、语义和时序，选项 B 说法正确。语法规定用户数据与控制信息的结构和格式，选项 D 说法错误；语义规定需要发出何种控制信息以及完成的动作与做出的响应；时序即对事件实现顺序的详细说明。一个功能完备的计算机网络需要定制一套复杂的协议集，对于复杂的计算机网络协议最好的组织方式是层次结构模型，选项 C 说法正确。

（9）【答案】A【解析】本题考查数据传输速率，非常简单，但如果不注意单位的话，很容易出错。传送 1bit 数据要用 10^{-7}，那么每秒要传送数据的量为 $1/10^{-7} = 10^7$bps $= 10$Mbps。另外，考生还应知道 bps 的含义是比特/秒（bit/second 或 bit per second）。

（10）【答案】B【解析】本题考查 ISO/OSI 参考模型。OSI 参考模型中，物理层处于最低层，主要功能是利用物理传输介质为数据链路层提供物理连接，以便透明地传送比特流。网络层的主要任务是通过路由选择算法，为分组通过通信子网选择最适当的路径，网络层要实现路由选择、拥塞控制与网络互联等功能，选项 B 正确。会话层的主要任务是组织两个会话进程之间的通信，并管理数据的交换；表示层主要用于处理在两个通信系统中交换信息的表示方式，包括数据格式变换、数据加密与解密、数据压缩与恢复等功能。

（11）【答案】D【解析】本题考查万兆以太网的概念。万兆以太网帧格式与普通以太网、快速以太网、千兆以太网帧格式相同，选项 D 说法正确，万兆以太网仍保留 802.3 标准对以太网最小和最大帧长度的规定。万兆以太网只有全双工工作方式，因此不存在介质争用的问题，选项 A 说法错误。万兆以太网不再使用双绞线，而是使用光纤作为传输介质，选项 B 说法错误。除了定义了局域网物理层标准，还定义了可选的广域网物理层标准，选项 C 说法错误。

（12）【答案】A【解析】本题考查 Internet 协议的知识。FTP 是 File Transfer Protocol 即文件传输协议的缩写，主要用于 Internet 上文件的双向传输，选项 A 为正确答案。选项 B ICMP 是 Internet Control Message Protocol 即互联网控制报文协议的缩写，最基本的功能是提供差错报告。公共管理信息服务/协议是 CMIS/CMIP（Common Management Information Protocol/Common Management Information Service），邮件服务器的邮箱中读取时可以使用 POP3（Post Office Protocol）协议。

（13）【答案】D【解析】本题考查网络拓扑结构的知识。点对点网络拓扑有：星型、环型、树型与网状型，其中具有拓扑中心的是星型。选项 D 为正确答案。

（14）【答案】B【解析】本题考查无线局域网协议的知识。IEEE 802.3 标准中定义了 CSMA/CD 总线介质访问控制子层与物理层标准；IEEE 802.11 标准中定义无线局域网访问控制子层与物理层的标准，选项 B 正确；IEEE 802.15 标准中定义近距离无线局域网访问控制子层与物理层的标准；IEEE 802.16 标准中定义宽带无线局域网访问控制子层与物理层的标准。

（15）【答案】A【解析】本题考查传输介质的相关知识。1000BASE-T 使用 5 类非屏蔽双绞线，双绞线长度可达到 100m；1000BASE-CX 使用屏蔽双绞线，双绞线长度可达到 25m；1000BASE-LX 使用波长为 1300nm 的单模光纤，光纤长度可达到 3000m，正确答案为选项 A；1000BASE-SX 使用波长为 850nm 的多模光纤，光纤长度可达到 300～550m。

（16）【答案】C【解析】本题考查共享介质局域网的相关知识。局域网从介质访问控制方法角度可以分为两类：共享介质局域网和交换式局域网。共享介质局域网必须处理冲突，需要采用 CSMA/CD 介质访问的控制策略。在同一时间只能支持一对连接交换数据，使得网络性能受到极大限制，带宽利用率非常低，选项 C 说法错误。

（17）【答案】A【解析】本题考查带宽的计算。全双工千兆端口全开时每个为 2000M，又因为总带宽为 24Gbps，所以可以最多需要 12 个。

（18）【答案】A【解析】本题考查 TCP/IP 参考模型中协议的概念。UDP 协议是一种不可靠的无连接协议，它主要用于不要求分组顺序到达的传输中，分组传输顺序的检查与排序由应用层完成，选项 A 正确。TCP 协议是一种可靠的面向连接的协议，它允许将一台主机的字节流无差错地传送到目的主机。ARP 是地址解析协议，OSPF 是路由解析协议。

（19）【答案】C【解析】本题考查网桥的概念。网桥是数据链路层互联的设备，选项 C 说法正确。网桥主要有以下几个特点：网桥可以互联两个采用不同数据链路层协议、传输介质与传输速率的网络；网桥以接受、存储、地址过滤与转发的方式实现互联网络之间的通信，选项 A 说法错误。网桥需要互联网络在数据链路层以上采用相同的协议，选项 B 说法错误。网桥可以分隔两个网络之间的广播通信，有利于改善互联网络的性能与安全性。802.5 标准的网桥是由发送帧的源节点负责路由选择，即源节点路选网桥假定了每一个节点在发送帧时都已经清楚地知道发往各个目的节点的路由，源节点在发送帧时需要将详细的路由信息放在帧的首部，因此这类网桥又称为源路选网桥，选项 D 说法错误。

（20）【答案】A【解析】本题是对网络常用缩写的考查。DNS 是域名解析服务的缩写，而 MSN、ICQ、QQ 是流行的即时通信软件。

（21）【答案】B【解析】本题考查 OSI 参考模型。OSI 参考模型中应用层、表示层、会话层对应于 TCP/IP 参考模型的应用层；OSI 的传输层对应于 TCP/IP 参考模型的传输层；OSI 的网络层对应于 TCP/IP 模型的互联层；OSI 模型的数据链路层、物理层对应于 TCP/IP 模型的主机-网络层。

（22）【答案】D【解析】本题考查考生网络流行用语的掌握。博客是最近几年流行的网络日志，其主要以文章的形式发布信息，同时可包括图片、音频、视频等多媒体，选项 D 说法错误。博客在技术上可以说是网络的共享空间，形式上属于个人的网络出版物，作者拥有版权。

(23) 【答案】C【解析】本题考查以太网的帧结构。以太网的帧结构包括签到码、帧前定界符、目的地址、源地址、类型、数据、帧校验，地址字段保存的是 MAC 地址。

(24) 【答案】B【解析】本题考查操作系统的概念。操作系统是最靠近硬件的一层系统软件，它是用户与计算机之间的接口。操作系统的任务是改善人机界面、管理全部资源、控制程序运行、支持应用软件等，其所包括的管理功能有进程与处理机管理、作业管理、存储管理、设备管理、文件管理等，选项 A 说法错误。驱动程序是最底层的、直接控制和监视各类硬件的部分，职责是隐藏硬件的具体细节，并向其他部分提供一个抽象的、通用的接口，选项 B 说法正确。操作系统的内核结构可以分为单内核、微内核、超微内核以及外核，选项 C 说法错误。进程附有的地址空间包括存放程序、数据以及进程进行读写的存储空间，选项 D 说法错误。

(25) 【答案】D【解析】本题考查网络操作系统的概念。网络操作系统的基本功能有：文件服务、打印服务、数据库服务、通信服务、信息服务、分布式服务、网络管理服务和 Internet/Intranet 服务，文件与打印服务是基本服务。网络操作系统都是采用多进程的，而每个进程又都是多线程的，并非选择多进程而不使用多线程，选项 D 说法错误。

(26) 【答案】A【解析】本题考查 Windows Server 2008 操作系统的特点。Windows Server 2008 虚拟化采用了 Hyper-V 技术，负责直接管理虚拟机的工作，选项 A 说法正确。使用 Hyper-V 技术，要求 CPU 必须支持硬件虚拟化，目前的主流 CPU 都支持这些技术，选项 B 说法错误。在安装过程中，可以选择 Core 模式，占用系统资源比较小，成为精简版系统，精简版系统的最大好处是安全可靠性更好，选项 C 说法错误；此系统并没有内置 VMware 模拟器，选项 D 说法错误。

(27) 【答案】C【解析】本题考查 UNIX 标准化的知识。到 20 世纪 90 年代，Unix 版本多达 100 余个，这使 Unix 的标准化工作成为一个相当复杂的过程，选项 A 说法正确。在 20 世纪 80 年代由 Unix 用户制定了基于 Unix 的"易移植操作系统环境"即 POSIX 标准，选项 B 说法正确。UNIX 标准上层分裂为两个阵营：一个是 UNIX 国际（UI），以 AT&T 和 Sun 公司为首；另一个是开放系统基金会（OSF），选项 C 说法错误。1993 年 3 月，两大阵营走到一起，统一后的 Unix 标准组织是 COSE，选项 D 说法正确。

(28) 【答案】D【解析】本题考查典型的 UNIX 系统。AIX 是 IBM 的 UNIX 操作系统，选项 A 错误；HP-UX 是 HP 公司的 UNIX 操作系统，NetWare 和 SUSE Linux 都是 Novell 公司推出的网络操作系统，选项 B 错误，选项 D 正确；Solaris 是 Sun 公司的 UNIX 操作系统，选项 C 错误。

(29) 【答案】B【解析】本题考查 IP 协议的相关知识。IP 协议作为一种互联网协议，运行于网络层，它屏蔽各个物理网络的细节和差异，使网络层向上提供统一的服务。路由器是在网络层上实现多个网络互联的设备，因此需要 IP 协议。集线器（Hub）是局域网的基本连接设备。在传统的局域网中，联网的节点通过非屏蔽双绞线与集线器连接，构成物理上的星形拓扑结构。当集线器接收到某个节点发送的广播信息，便会将接收到的数据转发到每个端口，集线器是工作在数据链路层的设备，因此不需要 IP 协议的支持。服务器、工作站都需要 IP 协议的支持。本题正确答案为选项 B。

（30）【答案】A【解析】本题考查 HFC 的知识。HFC 电缆调制解调器的数据传输一般采用所谓的"幅载波调制"方式进行，即利用一般有线电视的频道作为频宽划分单位，然后将数据调制到某个电视频道中进行传输，选项 A 正确。

（31）【答案】C【解析】本题考查 IP 协议的特点。IP 作为一种互联网协议，运行于互联网，屏蔽各个物理网络的细节和差异。它不对所连接的物理网络做任何可靠性假设，使网络向上提供统一的服务。其特点是不可靠的数据投递服务、面向无连接的传输服务及尽最大努力投递服务。标记交换并不是 IP 服务所具有的特点，选项 C 为本题正确答案。

（32）【答案】A【解析】本题考查 IP 地址的知识。IP 地址由网络号和主机号两个层次组成。为了避免 IP 地址的浪费，子网编址将 IP 地址的主机号部分进一步划分成子网部分和主机部分。由题可知，IP 的前三段都是网络号，最后一段是主机号。所以该 IP 应归属网络 20.22.25.0 这个网络，选项 A 正确。

（33）【答案】B【解析】本题考查 Internet 协议的知识。MIME 的英文全称是"Multipurpose Internet Mail Extensions"多功能 Internet 邮件扩充服务，它是一种多用途网际邮件扩充协议，DNS 是域名解析协议，实现将主机域名转换为 IP 地址，选项 B 正确。PGP 全称是 Pretty Good Privacy 是一个基于 RSA 公钥加密体系的邮件加密协议，Telnet 是 TCP/IP 协议族中的一员，是 Internet 远程登录服务的标准协议和主要方式。

（34）【答案】C【解析】本题考查 IP 数据报的概念。IP 数据报的路由选择具有独立性，因此从源主机到目的主机的传输延迟也具有随机性。如果路由表发生错误，数据报有可能进入一条循环路径，无休止地在网络中流动。利用 IP 报头中的生存周期字段，就可以有效地控制这一情况的发生，选项 C 说法正确。

（35）【答案】D【解析】本题考查 IP 数据报的传输。通常，源主机在发出数据包时，只需指明第一个路由器，而后数据包在 Internet 中如何传输以及沿着哪一条路径传输，源主机则不必关心。由于独立对待每一个 IP 数据报，所以，源主机两次发往同一目的主机的数据可能会因为中途路由器路由选择的不同而沿着不同的路径到达目的主机。在接收到所有分片的基础上，目的主机对分片进行重组装的过程称为 IP 数据报重组，选项 D 正确。

（36）【答案】A【解析】本题考查 IP 数据报的传输。某路由器收到了一个 IP 数据报，在对其报头进行校验后，发现该数据报存在错误。路由器最有可能采用的动作是抛弃该数据报，这也就是 IP 协议不可靠性的体现。选项 A 为正确答案。

（37）【答案】A【解析】本题考查路由器的工作原理，属于常考内容，考生不仅要记住，还要灵活运用于实际中。从图中可以看到，路由器 S 可以经过路由器 Q 和由器 T，也可以通过路由器 T 和路由器 Q 到达网络 10.0.0.0。因为路由器的下一跳是由目的地址来决定，因此路由器 Q 的下一跳 IP 地址可能是 30.0.0.6，也可能是 40.0.0.8，具体选择哪一条路由要根据具体使用的路由算法和实际情况来决定。本题只有选项 A 符合题意，为正确答案。

（38）【答案】C【解析】本题考查 RIP 协议的概念。RIP 协议是互联网中使用较早的一种动态路由选择协议，它规定了路由器之间交换路由信息的时间、交换信息的格式、错误的处理等内容，选项 A 说法错误。基本思路是，路由器周期性地向其相邻路由器广播自己知道的路由信息，用于通知相邻路由器自己可到达的网络以及到达该网络的距离，通常用"跳数"表示距离，选项 C 说法正确，选项 B 说法错误。RIP 路由选择协议比较适合小型到中型、多路径的、动态的 IP 互联网环境，选项 D 说法错误。

(39)【答案】D【解析】本题考查 TCP 协议的知识。TCP 是 TCP/IP 体系中的运输层协议，是面向连接的，因而可提供可靠按序传送数据的服务。TCP 的特点之一是提供提供可变的滑动窗口机制，支持端到端的流量控制。TCP 的窗口以字节为单位进行调整，以适应接收方的处理能力。当使用 TCP 进行数据传输时，如果接收方通知了一个 800 字节的窗口值，那么发送方可以发送小于 800 字节的 TCP 包，选项 D 符合题意。

(40)【答案】A【解析】本题考查客户/服务器模式的概念。重复服务器的服务程序中包含一个请求队列，客户机请求到达后，首先进入队列中的等待，服务器按照先进先出的原则顺序做出响应；并发服务器是一个守护进程，在没有请求到达时，它处于等待状态。一旦客户机请求到达，服务器立即为之创建一个子进程，然后回到等待状态，由子进程响应请求。综上所述，选项 A 为正确答案。

(41)【答案】C【解析】本题考查 Internet 域名系统的知识。为了区分不同类型的对象，域名系统中每一条目都被赋予了"类型"属性，其中包括：SOA 表示授权开始；A 表示主机地址；MX 表示邮件交换机；NS 表示域名服务器；CNAME 表示别名；PTR 表示指针；HINFO 表示主机描述；TXT 表示文本。选项 C 正确。

(42)【答案】B【解析】本题考查邮件协议的概念。SMTP 是电子邮件系统中的一个重要协议，它负责将邮件从一个"邮局"传送到另一个"邮局"，其中，SMTP 响应字符串以 3 位数字开始。POP3 协议允许用户通过 PC 动态检索邮件服务器上的邮件，POP3 的命令和响应采用 ASCII 字符串的形式。选项 B 说法正确。

(43)【答案】C【解析】本题考查 WWW 系统的知识。WWW 服务采用客户机/服务器工作模式。它以超文本标记语言 HTML 与超文本传输协议 HTTP 为基础，为用户提供界面一致的信息浏览系统，选项 C 正确。

(44)【答案】B【解析】本题考查 WWW 系统的知识。Internet 中的站点繁多，其中不乏伪造、仿冒的站点，如何验证 Web 站点的真实身份，要借助于 CA 安全认证中心发放的证书来实现。可以在浏览某站点前，要求 Web 站点将其从 CA 安全认证中心申请的数字证书发送过来。如果计算机用户信任该证书的发放单位，浏览器就可以通过该证书发放单位认证其数字证书的有效性，从而确认 Web 站点的真实身份。选项 B 正确。

(45)【答案】C【解析】本题考查 SNMP 网络管理的知识。SNMP 的体系结构由 SNMP 管理者和 SNMP 代理者两部分组成，每一个支持 SNMP 的网络设备中都包含一个代理，代理随时记录网络设备的各种信息。网络管理程序再通过 SNMP 通信协议收集代理所记录的信息。从被管理设备中收集数据有两种方法：一种是轮询，另一种是基于中断的方法。这两种方法各有利弊，将这两种方法结合起来的是陷入制导轮询方法。选项 C 为正确答案。

(46)【答案】B【解析】本题考查计算机信息系统安全保护等级划分准则。我国将信息和信息系统的安全从低到高依次划分为 5 个等级：自主保护级、指导保护级、监督保护级、强制保护级、专控保护级。选项 B 正确。

（47）【答案】B【解析】本题考查安全攻击的知识。安全攻击主要分为被动攻击和主动攻击，其中被动攻击包括窃听、检测和流量分析。主动攻击包括伪装、重放、消息篡改和分布式拒绝服务。本题正确答案为选项 B。

（48）【答案】B【解析】本题考查 Blowfish 算法的概念。Blowfish 算法是由 Bruce Schneier 设计的一种对称分组密码。Blowfish 是可变密钥长度的分组密码算法，分组长度为 64 位，选项 B 为正确答案。算法由两部分组成：密钥扩展和数据加密。

（49）【答案】B【解析】本题考查公钥算法的概念。公钥算法依赖于一个加密密钥和一个与之相关但不相同的解密密钥，这种算法有 RSA 算法、ELGamal 算法、背包加密算法。AES 是对称加密算法。选项 B 为正确答案。

（50）【答案】C【解析】本题考查数字签名的概念。数字签名必须有如下性质：必须能证实作者签名，签名的日期和时间；在签名时必须能对内容进行鉴别；签名必须能被第三方验证以解决争端。数字签名并没有对 DSS 标准有特殊要求，选项 C 说法错误。

（51）【答案】A【解析】本题考查 DES 加密算法的概念。DES 采用了 64 位的分组长度和 56 位的密钥长度，将 64 位的输入进行置换、移位和异或运算后得到输出，并没有用到逻辑与运算，选项 A 为本题正确答案。

（52）【答案】D【解析】本题考查 Kerberos 协议的概念。Kerberos 协议是 20 世纪 80 年代由美国麻省理工学院开发的一种协议，是为 TCP/IP 网络设计的可信第三方鉴别协议，Kerberos 基于对称密钥体制（一般采用 DES，但也可以采用其他算法），它在网络上的每个实体共享一个不同的密钥，通过是否知道秘密密钥来验证身份。通信时，Kerberos 产生会话密钥，只提供一个客户机和一个服务器使用，会话密钥用来加密双方间的通信信息，通信完毕，就销毁会话密钥。只有选项 D 说法正确。

（53）【答案】C【解析】本题考查 IPSec 的概念。IP 安全协议即 IPSec 是一个非常复杂的协议，其中有两个主要的协议：身份认证头（AH）协议和封装安全负载（ESP）协议，选项 A 说法正确。当源主机向目的主机发送安全数据报时，它使用 AH 协议或者 ESP 协议。AH 协议提供了源身份认证和数据完整性，但没有提供秘密性，选项 B 说法正确。ESP 协议提供了数据完整性、身份认证和秘密性。对这两个协议，源主机在向目的主机发送安全数据报之前，源主机和网络主机进行握手并且建立网络层逻辑连接，这个逻辑通道称为安全协议，选项 D 说法正确。IPSec（IP 安全）是一套用于网络层安全的协议，在 IP 层提供访问控制、无连接完整性、数据源认证、拒绝重发包、加密和流量保密服务，选项 C 说法错误。

（54）【答案】D【解析】本题考查组播路由协议的知识。密集模式组播路由协议是指组播成员密布在整个网络上，它采用"洪泛"技术，把信息传播到网络的所有路由器上，因而不适用于大规模的网络。该模式包括距离矢量组播路由协议（DVMRP）、开放最短路径优先的组播扩展（MOSPF）、协议独立组播—密集模式（PIM-DM）。基于核心树的多播协议（CBT，Core Based Tree）属于稀疏模式。选项 D 为本题正确答案。

（55）【答案】B【解析】本题考查 P2P 网络拓扑的知识。目前 P2P 网络存在 4 种主要结构类型，以 Napster 为代表的集中目录式结构，以 Gnutella 为代表的分布式非结构化 P2P 网络结构，以 Pastry、Tapestry、Chord、CAN 为代表的分布式结构化 P2P 网络结构和以 Skype、eDonkey、BitTorrent、PPLive 为代表的混合式 P2P 网络结构。选项 B 为本题正确答案。

(56)【答案】A【解析】本题考查 SIP 协议的概念。SIP（Session Initiation Protocol）称为会话初始化协议，是 IETF 与 1999 年提出的在 IP 网络上实现实时通信的应用层控制协议。可以在 TCP 及 UDP 协议上传送，SIP 消息包括两种类型，从客户机到服务器的请求消息和从服务器到客户机的响应消息。XMPP（Extensible Messaging and Presence Protocol：可扩展消息与存在协议）是一种基于 XML 的协议，它继承了在 XML 环境中灵活的发展性，SIP 不可以扩展为 XMPP 协议，选项 A 说法错误。

(57)【答案】B【解析】本题考查 IPTV 的知识。IPTV 业务集语音、视频和数据业务为一体，能够根据用户需要，提供诸如视频点播、时移电视和网络录像以及互动视频业务，有很好的发展前景。即时通信属于 IPTV 通信类服务，而视频点播、时移电视等属于视频类服务，不是通信类服务。

(58)【答案】D【解析】本题考查 Skype 的知识。Skype 是一款目前很流行的语音软件，其特点有高清晰音质、高度保密性、免费多方通话、跨平台性能。综上所述，选项 A~选项 C 说法都正确，选项 D 说法错误，为本题答案。

(59)【答案】B【解析】本题考查数字版权管理的概念。数字版权管理主要采用数据加密、版权保护、数字水印和签名技术。本题正确答案为选项 B。

(60)【答案】C【解析】本题考查百度搜索技术的知识。百度搜索的主要技术有智能型可扩展搜索技术、超链分析技术、智能化中文语言处理技术、分布式结构优化算法与容错设计、智能化相关度算法技术、检索结构的智能化输出技术、高效的搜索算法和服务器本地化。选项 A、B 和 D 均为百度搜索技术的内容，而百度搜索技术与网络分类无关，选项 C 为本题正确答案。

二、填空题

(1) 【答案】【1】GIS【解析】本题考查网络名词的缩写。地理信息系统的英文全名为 Geographic Information System，一般简写为 GIS。

(2) 【答案】【2】企业资源规划 或 Enterprise Resource Planning【解析】本题考查常用软件的知识。服务器运行的企业管理软件 ERP，全称为 Enterprise Resource Planning，即企业资源规划。

(3) 【答案】【3】数据链路【解析】本题考查数据链路层的概念。在 IEEE 802 参考模型中，设计者提出将数据链路层划分为两个子层：逻辑链路控制子层与介质访问控制子层。

(4) 【答案】【4】定向光束【解析】本题考查红外局域网的概念。红外无线局域网的数据传输技术包括，定向光束、红外传输、全方位红外传输与漫反射红外传输。

(5) 【答案】【5】逻辑【解析】本题考查虚拟局域网的知识。虚拟局域网是建立在交换技术的基础上，以软件方式实现逻辑工作组的划分与管理。

(6) 【答案】【6】城域网【解析】本题考查网络分类。局域网用于将有限范围内的各种计算机、终端与外部设备互连成网。城域网是介于广域网与局域网之间的一种高速网络，城域网的设计目标是满足几十公里范围内的大量企业、机关、公司的多个局域网的互联要求。广域网又称远程网，所覆盖的地理范围从几十公里到几千公里。

（7）【答案】【7】48【解析】本题考查 MAC 地址的知识。MAC 地址又称物理网络地址，由 48 位二进制数组成。

（8）【答案】【8】SMTP 或 简单邮件传输协议【解析】本题考查邮件服务器的相关概念。在 Internet 中，邮件服务器间传送邮件采用 SMTP 协议，发送邮件采用 POP3 协议。

（9）【答案】【9】组织单元【解析】本题考查活动目录服务的知识。活动目录服务把域划分为 OU，称为组织单元。

（10）【答案】【10】虚拟化【解析】本题考查 Linux 的知识。红帽 Linux 企业版提供了一个自动化的基础架构，包括虚拟化、身份管理、高可用性等功能。

（11）【答案】【11】3 次握手 或 3 次握手【解析】本题考查 TCP 协议的知识。为了保证可靠连接，TCP 使用了 3 次握手，保证信息无误传递。

（12）【答案】【12】255.255.255.255【解析】本题考查子网掩码的概念。子网掩码用于划分网络，掩码为 1 的部分表示网络号，掩码为 0 的部分表示主机号。在路由表中，特定主机路由表项的子网掩码全为 1，转换为十进制，即 255.255.255.255。

（13）【答案】【13】21DA::12AA:2C5F:FE08:9C5A【解析】本题考查 IPv6 地址的写法。IPv6 地址可采用双冒号表示法，之间为全 0 的项可以省略。即 21DA::12AA:2C5F:FE08:9C5A。

（14）【答案】【14】客户机【解析】本题考查客户机/服务器模式的知识。在客户机/服务器模式中，客户机主要向服务器发送请求，服务器响应客户机的请求。

（15）【答案】【15】PASV【解析】本题考查 FTP 协议的概念。FTP 协议中规定，PASV 命令可以进入被动模式。

（16）【答案】【16】发现【解析】本题考查故障管理的知识。故障管理的步骤包括：发现故障、判断故障症状、隔离故障、修复故障和记录故障的检修过程及其结果。故障管理最主要的作用：通过提供网络管理者快速检查问题并启动恢复过程的工具，使网络可靠性得到增强。故障排除的主要任务有发现故障和排除故障。

（17）【答案】【17】传输【解析】本题考查信息安全的概念。信息安全主要包含 3 个方面：物理安全、安全控制和安全服务。对网络系统而言，信息安全主要包括两个方面：存储安全和传输安全。

（18）【答案】【18】加密算法【解析】本题考查唯密文攻击的知识。在密码学或密码分析中，唯密文攻击是一种攻击模式，指的是在攻击者已知要解密的密文和加密算法的情况下进行攻击。此方案可同时用于攻击对称密码体制和非对称密码体制。

（19）【答案】【19】集中目录式【解析】本题考查 P2P 网络的知识。P2P 的集中目录式结构由服务器负责记录共享的信息以及回答对这些信息的查询。

（20）【答案】【20】转发【解析】本题考查 QQ 软件的知识。QQ 客户端间进行聊天有两种方式。一种是客户端直接建立连接进行聊天，另一种是用服务器转发的方式实现消息的传送。

2010 年 3 月三级网络技术笔试试卷

（考试时间 120 分钟，满分 100 分）

一、选择题(每小题 1 分，共 60 分)

下列各题 A)、B)、C)、D) 四个选项中，只有一个选项是正确的，请将正确选项涂写在答题卡相应位置上，答在试卷上不得分。

（1） IBM-PC 的出现掀起了计算机普及的高潮，它是在
　　A) 1951 年　　　　　B) 1961 年　　　　C) 1971 年　　　　　D) 1981 年

（2） 关于计算机辅助技术的描述中，正确的是
　　A) 计算机辅助设计缩写为 CAS　　　　B) 计算机辅助制造缩写为 CAD
　　C) 计算机辅助教学缩写为 CAI　　　　D) 计算机辅助测试缩写为 CAE

（3） 关于服务器的描述中，错误的是
　　A) 服务器的处理能力强、存储容量大、I/O 速度快
　　B) 刀片服务器的每个刀片都是一个客户端
　　C) 服务器按体系结构分为 RISC、CISC 和 VLIW
　　D) 企业级服务器是高端服务器

（4） 关于计算机技术指标的描述中，正确的是
　　A) 平均无故障时间 MTBF 指多长时间系统发生一次故障
　　B) 奔腾芯片是 32 位，双核奔腾芯片是 64 位
　　C) 浮点指令的平均执行速度单位是 MIPS
　　D) 存储容量的 1KB 通常代表 1000 字节

（5） 以下哪种是 64 位处理器？
　　A) 8088　　　　　B) 安腾　　　　　C) 经典奔腾　　　　D) 奔腾 IV

（6） 关于多媒体的描述中，正确的是
　　A) 多媒体是新世纪出现的新技术
　　B) 多媒体信息存在数据冗余
　　C) 熵编码采用有损压缩
　　D) 源编码采用无损压缩

（7） 在网络协议要素中，规定用户数据格式的是
　　A) 语法　　　　　B) 语义　　　　　C) 时序　　　　　D) 接口

（8） 关于 OSI 参考模型各层功能的描述中，错误的是
　　A) 物理层基于传输介质提供物理连接服务
　　B) 网络层通过路由算法为分组选择传输路径
　　C) 数据链路层为用户提供可靠的端到端服务
　　D) 应用层为用户提供各种高层网络应用服务

（9） 如果数据传输速率为 1Gbps，那么发送 12.5Mbyte 数据需要用

A）0.01s　　　　B）0.1s　　　　C）1s　　　　D）10s

（10）用于实现邮件传输服务的协议是

A）HTML　　　　B）IGMP　　　　C）DHCP　　　　D）SMTP

（11）关于 TCP/IP 模型与 OSI 模型对应关系的描述中，正确的是

A）TCP/IP 模型的应用层对应于 OSI 模型的传输层

B）TCP/IP 模型的传输层对应于 OSI 模型的物理层

C）TCP/IP 模型的互联层对应于 OSI 模型的网络层

D）TCP/IP 模型的主机-网络层对应于 OSI 模型的应用层

（12）共享式以太网采用的介质访问控制方法是

A）CSMA/CD　　B）CSMA/CA　　C）WCDMA　　D）CDMA2000

（13）在以太网的帧结构中，表示网络层协议的字段是

A）前导码　　　　B）源地址　　　　C）帧校验　　　　D）类型

（14）关于局域网交换机的描述中，错误的是

A）可建立多个端口之间的并发连接

B）采用传统的共享介质工作方式

C）核心是端口与 MAC 地址映射

D）可通过存储转发方式交换数据

（15）支持单模光纤的千兆以太网物理层标准是

A）1000BASE-LX　　　　　　　B）1000BASE-SX

C）1000BASE-CX　　　　　　　D）1000BASE-T

（16）关于无线局域网的描述中，错误的是

A）以无线电波作为传输介质

B）协议标准是 IEEE 802.11

C）可完全代替有线局域网

D）可支持红外扩频等方式

（17）如果以太网交换机的总带宽为 8.4 Gbps，并且具有 22 个全双工百兆端口，则全双工
千兆端口数量最多为

A）1 个　　　　　　　　　　　B）2 个

C）3 个　　　　　　　　　　　D）4 个

（18）以太网 MAC 地址的长度是

A）128 位　　　　　　　　　　B）64 位

C）54 位　　　　　　　　　　　D）48 位

（19）关于千兆以太网的描述中，错误的是

A）数据传输速率是 1Gbps

B）网络标准是 IEEE 802.3z

C）用 MII 隔离物理层与 MAC 子层

D）传输介质可采用双绞线与光纤

（20）以下哪种协议属于传输层协议？

A）UDP　　　　　　　　　　　B）RIP

C）ARP
D）FTP

（21）传输延时确定的网络拓扑结构是

A）网状拓扑
B）树型拓扑
C）环型拓扑
D）星型拓扑

（22）关于计算机网络的描述中，错误的是

A）计算机网络的基本特征是网络资源共享
B）计算机网络是联网的自治计算机的集合
C）联网计算机通信需遵循共同的网络协议
D）联网计算机之间需要有明确的主从关系

（23）不属于即时通信的 P2P 应用是

A）MSN
B）Gnutella
C）Skype
D）ICQ

（24）关于文件系统的描述中，正确的是

A）文件系统独立于 OS 的服务功能
B）文件系统管理用户
C）文件句柄是文件打开后的标识
D）文件表简称为 BIOS

（25）关于网络操作系统演变的描述中，错误的是

A）早期 NOS 主要运行于共享介质局域网
B）早期 NOS 支持多平台环境
C）HAL 使 NOS 与硬件平台无关
D）Web OS 是运行于浏览器中的虚拟操作系统

（26）关于活动目录的描述中，正确的是

A）活动目录是 Windows 2000 Server 的新功能
B）活动目录包括目录和目录数据库两部分
C）活动目录的管理单位是用户域
D）若干个域树形成一个用户域

（27）关于 Linux 操作系统的描述中，错误的是

A）Linux 是开源软件，支持多种应用
B）GNU 的目标是建立完全自由软件
C）Minix 是开源软件，但不是自由软件
D）Linux 是共享软件，但不是自由软件

（28）关于网络操作系统的描述中，正确的是

A）NetWare 是一种 Unix 操作系统
B）NetWare 是 Cisco 公司的操作系统
C）NetWare 以网络打印为中心
D）SUSE Linux 是 Novell 公司的操作系统

（29）在 Internet 中，网络之间互联通常使用的设备是

A）路由器

B）集线器

C）工作站

D）服务器

（30）关于 IP 协议的描述中，正确的是

A）是一种网络管理协议

B）采用标记交换方式

C）提供可靠的数据报传输服务

D）屏蔽底层物理网络的差异

（31）关于 ADSL 技术的描述中，错误的是

A）数据传输不需要进行调制解调

B）上行和下行传输速率可以不同

C）数据传输可利用现有的电话线

D）适用于家庭用户使用

（32）如果借用 C 类 IP 地址中的 4 位主机号划分子网，那么子网掩码应该为

A）255.255.255.0

B）255.255.255.128

C）255.255.255.192

D）255.255.255.240

（33）关于 ARP 协议的描述中，正确的是

A）请求采用单播方式，应答采用广播方式

B）请求采用广播方式，应答采用单播方式

C）请求和应答都采用广播方式

D）请求和应答都采用单播方式

（34）对 IP 数据报进行分片的主要目的是

A）适应各个物理网络不同的地址长度

B）拥塞控制

C）适应各个物理网络不同的 MTU 长度

D）流量控制

（35）回应请求与应答 ICMP 报文的主要功能是

A）获取本网络使用的子网掩码

B）报告 IP 数据报中的出错参数

C）将 IP 数据报进行重新定向

D）测试目的主机或路由器的可达性

（36）关于 IP 数据报报头的描述中，错误的是

A）版本域表示数据报使用的 IP 协议版本

B）协议域表示数据报要求的服务类型

C）头部校验和域用于保证 IP 报头的完整性

D）生存周期域表示数据报的存活时间

（37）下图路由器 R 的路由表中，到达网络 40.0.0.0 的下一跳步 IP 地址应为

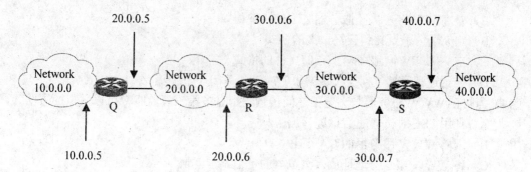

A）10.0.0.5

B）20.0.0.5

C）30.0.0.7

D）40.0.0.7

(38) 关于 OSPF 和 RIP 协议中路由信息的广播方式，正确的是

　　A）OSPF 向全网广播，RIP 仅向相邻路由器广播

　　B）RIP 向全网广播，OSPF 仅向相邻路由器广播

　　C）OSPF 和 RIP 都向全网广播

　　D）OSPF 和 RIP 都仅向相邻路由器广播

(39) 一个 IPv6 地址为 21DA:0000:0000:0000:02AA:000F:FE08:9C5A，如果采用双冒号表示法，那么该 IPv6 地址可以简写为

　　A）0x21DA:0x2AA:0xF:0xFE08:0x9C5A

　　B）21DA::2AA:F:FE08:9C5A

　　C）0h21DA::0h2AA:0hF:0hFE08:0h9C5A

　　D）21DA::2AA:F::FE08::9C5A

(40) 在客户/服务器计算模式中，标识一个特定的服务通常使用

　　A）TCP 或 UDP 端口号

　　B）IP 地址

　　C）CPU 序列号

　　D）MAC 地址

(41) 在 POP3 命令中，PASS 的主要功能是

　　A）转换到被动模式

　　B）避免服务器认证

　　C）向服务器提供用户密码

　　D）删掉过时的邮件

(42) 关于远程登录的描述中，错误的是

　　A）使用户计算机成为远程计算机的仿真终端

　　B）客户端和服务器端需要使用相同类型的操作系统

　　C）使用 NVT 屏蔽不同计算机系统对键盘输入的差异

　　D）利用传输层的 TCP 协议进行数据传输

(43) 关于 HTTP 协议的描述中，错误的是

　　A）是 WWW 客户机和服务器之间的传输协议

　　B）定义了请求报文和应答报文的格式

　　C）定义了 WWW 服务器上存储文件的格式

　　D）会话过程通常包括连接、请求、应答和关闭 4 个步骤

（44）为防止 WWW 服务器与浏览器之间传输的信息被第三者监听，可以采取的方法为

　　A）使用 SSL 对传输的信息进行加密

　　B）索取 WWW 服务器的 CA 证书

　　C）将 WWW 服务器地址放入浏览器的可信站点区域

　　D）严禁浏览器运行 ActiveX 控件

（45）关于 QQ 即时通信的描述中，错误的是

　　A）支持点对点通信

　　B）聊天信息明文传输

　　C）支持服务器转发消息

　　D）需要注册服务器

（46）根据计算机信息系统安全保护等级划分准则，安全要求最高的防护等级是

　　A）指导保护级　　　　　　　　　B）自主保护级

　　C）监督保护级　　　　　　　　　D）专控保护级

（47）下面哪种攻击属于非服务攻击？

　　A）DNS 攻击　　　　　　　　　　B）地址欺骗

　　C）邮件炸弹　　　　　　　　　　D）FTP 攻击

（48）DES 加密算法采用的密钥长度和处理的分组长度是

　　A）64 位和 56 位　　　　　　　　B）都是 64 位

　　C）都是 56 位　　　　　　　　　　D）56 位和 64 位

（49）攻击者不仅已知加密算法和密文，而且可以在发送的信息中插入一段他选择的信息，这种攻击属于

　　A）唯密文攻击　　　　　　　　　B）已知明文攻击

　　C）选择明文攻击　　　　　　　　D）选择密文攻击

（50）甲收到一份来自乙的电子订单后，将订单中的货物送达乙时，乙否认自己发送过这份订单。为了防范这类争议，需要采用的关键技术是

　　A）数字签名　　　　　　　　　　B）防火墙

　　C）防病毒　　　　　　　　　　　D）身份认证

（51）以下不属于身份认证协议的是

　　A）S/Key　　　　　　　　　　　　B）X.25

　　C）X.509　　　　　　　　　　　　D）Kerberos

（52）关于 PGP 协议的描述中，错误的是

　　A）支持 RSA 报文加密

　　B）支持报文压缩

　　C）通过认证中心发布公钥

　　D）支持数字签名

（53）AES 加密算法不支持的密钥长度是
    A）64   B）128
    C）192   D）256

（54）下面哪个地址是组播地址？
    A）202.113.0.36   B）224.0.1.2
    C）59.67.33.1   D）127.0.0.1

（55）Napster 是哪种 P2P 网络拓扑的典型代表？
    A）集中式   B）分布式非结构化
    C）分布式结构化   D）混合式

（56）SIP 协议中，哪类消息可包含状态行、消息头、空行和消息体 4 个部分？
    A）所有消息   B）仅一般消息
    C）仅响应消息   D）仅请求消息

（57）IPTV 的基本技术形态可以概括为视频数字化、播放流媒体化和
    A）传输 ATM 化   B）传输 IP 化
    C）传输组播化   D）传输点播化

（58）IP 电话系统的 4 个基本组件是：终端设备、网关、MCU 和
    A）路由器   B）集线器
    C）交换机   D）网守

（59）第二代反病毒软件的主要特征是
    A）简单扫描   B）启发扫描
    C）行为陷阱   D）全方位保护

（60）网络全文搜索引擎的基本组成部分是搜索器、检索器、索引器和
    A）用户接口   B）后台数据库
    C）爬虫   D）蜘蛛

二、填空题(每空 2 分，共 40 分)

请将每一个空的正确答案写在答题卡【1】～【20】序号的横线上，答在试卷上不得分。

（1）JPFG 是一种【1】图像压缩编码的国际标准。

（2）通过购买才能获得授权的正版软件称为【2】软件。

（3）【3】是指二进制数据在传输过程中出现错误的概率。

（4）在 OSI 参考模型中，每层可以使用【4】层提供的服务。

（5）在 IEEE802 参考模型中，数据链路层分为【5】子层与 LLC 子层。

（6）【6】是一种自组织、对等式、多跳的无线网络。

（7）TCP 是一种可靠的面向【7】的传输层协议。

（8）在广域网中，数据分组传输过程需要进行【8】选择与分组转发。

（9）内存管理实现内存的【9】、回收、保护和扩充。

（10）Unix 内核部分包括文件子系统和【10】控制子系统。

（11）回送地址通常用于网络软件测试和本地机器进程间通信，这类 IP 地址通常是以十进制数【11】开始的。

（12）IP 数据报的源路由选项分为两类，一类为严格源路由，另一类为【12】源路由。

（13）通过测量一系列的【13】值，TCP 协议可以估算数据包重发前需要等待的时间。

（14）域名解析有两种方式，一种是反复解析，另一种是【14】解析。

（15）SMTP 的通信过程可以分成三个阶段，它们是连接【15】阶段、邮件传递阶段和连接关闭阶段。

（16）性能管理的主要目的是维护网络运营效率和网络【16】。

（17）网络信息安全主要包括两个方面：信息传输安全和信息【17】安全。

（18）进行 DES 加密时，需要进行【18】轮的相同函数处理。

（19）网络防火墙的主要类型是包过滤路由器、电路级网关和【19】级网关。

（20）组播路由协议分为【20】组播路由协议和域间组播路由协议。

2010 年 3 月三级网络技术笔试试卷答案与解析

一、选择题

（1）**【答案】D【解析】** 本题属于常识性题目，考查考生对计算机发展的了解。1981 年 IBM 公司推出个人计算机 IBM-PC，此后它又经历了若干代的演变，计算机得到空前的普及，逐渐形成了庞大的电脑市场。2005 年 5 月，联想正式收购 IBM 全球 PC 业务，成为全球第三大 PC 制造商。

（2）**【答案】C【解析】** 本题考查常用计算机词汇的缩写。计算机辅助设计缩写为 CAD，选项 A 说法错误；计算机辅助制造缩写为 CAM，选项 B 说法错误；计算机辅助教学缩写为 CAI，选项 C 说法正确；计算机辅助测试缩写为 CAT，选项 D 说法错误。另外还有，计算机辅助工程缩写为 CAE。

（3）**【答案】B【解析】** 本题考查考生对服务器概念的理解。服务器必须具有很强的安全性、可靠性、联网特性以及远程管理、自动监控功能。服务器的处理能力强而客户机的处理能力相对弱，服务器的处理能力强、存储容量大、I/O 速度快，选项 A 说法正确。刀片服务器的每一个刀片是一个服务器，客户端多指用户端，选项 B 说法错误。服务器按体系结构分为 RISC、CISC 和 VLIW，早期的 286、386 采用 CISC 技术，奔腾采用 RISC 技术，安腾采用了最新的设计理念 EPIC，即简明并行指令计算技术，VLIW 是超长指令字，一种非常长的指令组合，它把许多条指令连在一起，增加了运算的速度，选项 C 说法正确。企业级服务器是高端服务器，选项 D 说法正确。综上所述，本题正确答案为选项 B。

（4）**【答案】A【解析】** 本题考查计算机技术指标的概念。系统的可靠性通常用平均无故障时间（MTBF）和平均故障修复时间（MTTR）来表示，选项 A 说法正确。双核奔腾芯片由两个 32 位的芯片组成，而不是变成 64 位，选项 B 说法错误。表示执行浮点指令的平均速度是用 Flops 或 MFLOPS 或 GFLOPS 表示，MIPS 是 million instructions per second 的缩写，表示单字长定点指令的平均执行速度，即每执行一百万条指令，选项 C 说法错误。在计算机中，通常 1G=1024MB，1MB=1024KB，1KB=1024 字节，选项 D 说法错误。

（5）**【答案】B【解析】** 本题考查考生对处理器知识的掌握。Intel 8088 是准 16 位芯片（即内部体系结构是 16 位，但与外部设备通信却采用 8 位总线），选项 A 错误；经典奔腾和奔腾 IV 都是 32 位处理器，选项 C 和选项 D 错误。本题正确答案为选项 B。

（6）**【答案】B【解析】** 本题考查多媒体的相关知识。多媒体技术是 20 世纪 80 年代发展起来的计算机新技术，并非新世纪才出现，选项 A 说法错误；多媒体信息存在数据冗余，选项 B 说法正确；熵编码是无损压缩，选项 C 说法错误；源编码是有损压缩，选项 D 说法错误。

（7）**【答案】A【解析】** 本题考查网络协议的概念。协议是计算机网络非常重要的组成部分，功能完善的计算机网络一定有复杂协议的集合。网络协议由 3 个要素组成。语法规定用户数据与控制信息的结构和格式；语义规定需要发出何种控制信息以及完成的动作与做出相应；时序是对事件实现顺序的详细说明。由此看见，选项 A 正确。

(8) 【答案】C【解析】本题考查 ISO/OSI 参考模型中网络层的功能。根据分而治之的原则，ISO 将整个通信功能划分为七个层次，即物理层、数据链路层、网络层、传输层、会话层、表示层和应用层。数据链路层是在物理层提供比特流传输服务的基础上，在通信实体之间建立数据链路连接，传送以帧为单位的数据，并且采用差错控制与流量控制方法，使有差错的物理线路变成无差错的数据链路，选项 C 说法错误。

(9) 【答案】B【解析】本题考查数据传输速率的计算。数据传输速率是描述数据传输系统的重要技术指标之一。数据传输速率在数值上等于每秒钟传输构成数据代码的二进制比特数，单位为比特/秒（bit/second），记作 bps，1byte（字节）=8bit。对于二进制数据，数据传输速率为：$S=1/T$（bps）。其中，T 为发送每一比特所需要的时间。根据公式：时间=传输数据位数/数据传输速率，计算可得：时间=（12.5×1024×1024）/（1×1024×1024×1024/8）≈0.1s，大约需要 0.1 秒，因此选 B。

(10)【答案】D【解析】本题考查基本协议的知识。电子邮件应用程序在向邮件服务器传送邮件时使用简单邮件传输协议（Simple Mail Transfer Protocol，SMTP）。而从邮件服务器的邮箱中读取时可以使用 POP3（Post Office Protocol）协议或 IMAP（Interactive Mail Access Protocol），选项 D 正确。选项 A HTML 是超文本标记语言，选项 C 的 IGMP 是组管理协议，选项 C 的 DHCP 是动态主机设置协议。

(11)【答案】C【解析】本题考查 TCP/IP 模型，是考试重点内容，也是理解网络技术的基础。考生应该将 TCP/IP 模型与 OSI 模型对应理解，区分两个模型的异同点，同时还应掌握不同层上对应的协议与服务。TCP/IP 模型的应用层对应于 OSI 模型的应用层、表示层和会话层；TCP/IP 模型的传输层对应于 OSI 模型的传输层；TCP/IP 模型的互联层对应于 OSI 模型的网络层；TCP/IP 模型的主机-网络层对应于 OSI 模型的数据链路层和物理层，正确答案为选项 C。

(12)【答案】A【解析】本题考查以太网的相关知识。以太网的核心技术是它的随机争用型介质访问控制方法，即带有冲突检测的载波侦听多路访问 CSMA/CD（Carrier Sense Multiple Access with Collision Detection）方法，选项 A 正确。；CSMA/CA 是 802.11 中对无线网络规定的介质访问控制方法；WCDMA 即宽带码分多址，是一种第三代无线通讯技术；CDMA2000 是 3G 移动通讯标准。本题的考查内容是考试重点，请特别注意。

(13)【答案】D【解析】本题考查以太网的帧结构。以太网的帧是数据链路层的封装，网络层的数据包加上帧头和帧尾成为可以被数据链路层识别的数据帧。LLC（逻辑链路控制）子层负责向其上层提供服务，提供以太网 MAC 和上层之间的接口。MAC（介质访问控制）子层的主要功能包括数据帧的封装/卸装、帧的寻址和识别、帧的接收与发送、链路的管理、帧的差错控制等。类型字段表示网络层使用的协议类型，例如，当类型字段值是 0x0800 时，表示网络层使用 IP 协议；类型字段等于 0x8137，表示网络层使用 NetWare 的 IXP 协议，选项 D 说法正确。前导码的作用是使接收节点进行同步并做好接收数据帧的准备。源地址它说明发送该帧站的地址，占 6 个字节。帧检验序列是 32 位冗余检验码（CRC），检验除前导、SFD 和 FCS 以外的内容。

（14）【答案】B【解析】本题考查交换机的概念。局域网交换机是交换式局域网的核心部件，交换式局域网从根本上改变共享介质以太网的工作方式，它可以通过交换机支持端口结点之间的多个并发连接，实现多结点之间数据的并发传输。可见，选项 B 中所描述的"采用传统的共享介质工作方式"的说法是错误的。

（15）【答案】A【解析】本题考查千兆以太网的相关标准。支持单模光纤的千兆以太网物理层标准是 1000BASE-LX 单模光纤；支持多模光纤的千兆以太网物理层标准是 1000BASE-SX；支持屏蔽双绞线的千兆以太网物理层标准是 1000BASE-CX；支持非屏蔽双绞线的千兆以太网物理层标准是 1000BASE-T。正确答案为选项 A。

（16）【答案】C【解析】本题考查无线局域网的概念。无线局域网以微波、激光与红外线等无线电波作为传输介质，部分或全部代替传统局域网中的同轴电缆、双绞线与光纤，实现网络中移动结点的物理层与数据链路层。虽然无线局域网发展很快，在某些地方已经取代有线局域网，但并不能完全代替有线局域网，尤其是对速度要求高的部分领域，选项 C 说法错误。

（17）【答案】B【解析】本题考查全双工的知识。对于 100Mbps 的端口，半双工端口带宽为 100Mbps，而全双工端口带宽为 200Mbps；对于 1000Mbps 的端口，半双工端口带宽为 1000Mbps，而全双工端口带宽为 2000Mbps。由此可见 22*2*100MB=4400M 约等于 4.4G，8.4G-4400M=4000M，所以全双工千兆端口最多 2 个，正确答案为选项 B。

（18）【答案】D【解析】本题考查 MAC 地址的概念。网卡的 MAC 地址由 48 位二进制数组成，为了方便，书写时一般用 16 进制来表示，如 00-D0-09-A1-D7-B7 的一串字符，共 6 段 16 进制数，中间用"-"隔开，MAC 地址的前 3 段（前 24 位）是由 IEEE 组织分配给各网卡生产商的唯一标识，后 3 段是由生产网卡的厂商自己给网卡规定的唯一标识。MAC 地址被固化在网卡的 EEPROM 中，全世界的网卡 MAC 地址都不会相同。选项 D 正确。

（19）【答案】C【解析】本题考查千兆以太网的概念。1000BASE-T 标准定义千兆介质专用接口（GMIT），它将 MAC 子层与物理层分隔开来，选项 C 说法错误。

（20）【答案】A【解析】本题考查传输层协议的相关概念。传输层的主要功能是负责应用进程之间的端到端通信，包括 TCP 协议、UDP 协议，选项 A 正确。传输层之上是应用层，包括了所有高层协议，主要有远程登录协议（Telnet）、文件传输协议（FTP）、简单邮件传输协议（SMTP）、域名服务（DNS）、路由信息协议（RIP）、网络文件系统（NFS）、超文本传输协议（HTTP）。

（21）【答案】C【解析】该题考查计算机网络拓扑的概念。计算机网络拓扑通过网络中结点与通信线路之间的几何关系来表示网络结构，反映出网络中各实体间的结构关系。局域网的拓扑构型一般有总线型、环型、星型等。环型网络的特点是：信息在网络中沿固定方向流动，两个结点间有唯一的通路；可靠性高，实时性较好（信息在网中传输的延时固定）；每个结点只与相邻两个结点有物理链路；传输控制机制比较简单；某个结点的故障将导致物理瘫痪；单个环网的结点数有限。由于整个网络构成闭合环，故网络扩充起来不太方便。网状拓扑、树型拓扑和星形拓扑传输延时都不确定，正确答案为选项 C。

（22）【答案】D【解析】本题考查计算机网络的基本概念。计算机网络建立的主要目的是实现计算机资源的共享，计算机资源主要是指计算机硬件、软件与数据，选项 A 说法正确。互连的计算机是分布在不同地理位置的多台独立的"自治计算机"，选项 B 说法正确。联网的计算机既可以为本地用户提供服务，也可以为远程用户提供网络服务。连网计算机之间遵循共同的网络协议，选项 C 说法正确。联网计算机不需要明确的主从关系，只要遵从共同的协议，就能进行通讯，选项 D 说法错误。

（23）【答案】B【解析】本题考查常用网络应用。Gnutella 是一套开放式、非集中化的个人对个人搜索系统，主要用于通过因特网寻找和交换文件，不属于即时通信应用，选项 B 为本题正确答案。选项 A 的 MSN 是微软公司推出的即时通信软件。选项 C 的 Skype 采用了最先进的 P2P 技术，提供超清晰的语音通话效果。选项 D 的 ICQ 是面向国际的聊天工具，是 I seek you（我找你）的意思。目前国内主要用腾讯 QQ，腾讯 QQ 是由深圳市腾讯计算机系统有限公司开发的基于 Internet 的即时通信软件。

（24）【答案】C【解析】本题考查文件系统的概念。文件系统是 OS 中重要的服务功能，选项 A 说法错误。文件系统需要用户来管理，而不是管理用户，选项 B 说法错误。文件句柄是文件打开后的标识，选项 C 说法正确。文件表简称为 FAT，而 BIOS 是基本输入、输出系统的简称，选项 D 说法错误。

（25）【答案】B【解析】本题考查网络操作系统的概念。网络操作系统（NOS, Network Operating System）是使联网计算机能够方便而有效地共享网络资源，为网络用户提供所需的各种服务的软件与协议的集合。网络操作系统提供了丰富的网络管理服务工具，可以提供网络性能分析、网络状态监控、存储管理等多种管理服务。早期的 NOS 并不支持多平台，即不具有硬件独立的特征，选项 B 说法错误。

（26）【答案】A【解析】本题考查活动目录的概念。活动目录是 Windows 2000 Server 新功能之一，选项 A 说法正确。活动目录包括两个方面，目录和目录服务，选项 B 说法错误。Windows 2000 Server 的基本管理单位是域，选项 C 说法错误。活动目录把一个域作为一个完整目录，同时，活动目录服务把域又划分成组织单元，选项 D 说法错误。

（27）【答案】D【解析】本题考查 Linux 的特点。Linux 最大的特点就是开放源代码，支持多种应用，因此得到广泛应用，选项 A 说法正确。GNU 的目标是建立完全自由软件，选项 B 说法正确。Minix 的名称取自英语 Mini UNIX，是迷你版本的类 Unix 操作系统，它要求相当低的授权费，并不属于自由软件，选项 C 说法正确。Linux 是开源软件，也是自由软件，选项 D 说法错误。考生还需要了解 Linux 操作系统虽然与 Unix 操作系统类似，但它并不是 Unix 操作系统的变种，不过 Unix 的工具与 Shell 都可以运行在 Linux 上。

（28）【答案】D【解析】本题考查常用网络操作系统的知识。Netware 是 NOVELL 公司推出的网络操作系统，选项 B 说法错误。Netware 最重要的特征是基于基本模块设计思想的开放式系统结构，但它并不是 Unix 操作系统，选项 A 说法错误。NetWare 是具有多任务、多用户的网络操作系统，它的较高版本提供系统容错能力（SFT），并非以网络打印为中心，选项 C 说法错误。SUSE Linux 原是以 Slackware Linux 为基础，SuSE 于 1992 年末创办，目的是成为 UNIX 技术公司，后来被 NOVELL 公司收购，选项 D 说法正确。

(29)【答案】A【解析】本题考查常用网络设备。路由器是在网络层上实现多个网络互联的设备。由路由器互联的局域网中，每个局域网只要求网络层及以上高层协议相同，数据链路层与物理层协议可以不同，选项 A 正确。集线器适合在同一网络使用，多个网络互联一般使用路由器。不使用工作站和服务器的原因是成本远远高于路由器。

(30)【答案】D【解析】本题考查 IP 协议的概念，IP 协议是互联网最重要的协议，考生务必掌握 IP 协议的特点。运行 IP 协议的互联层可以为其高层用户提供以下三种服务：不可靠的数据投递服务、面向无连接的传输服务、尽最大努力投递服务。IP 协议并不属于网络管理协议，选项 A 说法错误。MPLS 协议采用标记交换方式，选项 B 说法错误。IP 服务具有 3 个特点：不可靠的数据投递服务，面向无连接的传输服务，尽最大努力投递服务。IP 是面向无连接的传输服务，所以是不可靠的数据投递服务，选项 C 说法错误。IP 协议的特点包括：隐藏了低层物理网络细节，向上为用户提供通用的一致的网络服务；IP 互联网不指定网络互联网络的拓扑结构，也不要求网络之间全互联；IP 互联网能在物理网络之间转发数据，信息可以跨网传输；IP 互联网中的所有计算机使用统一的全局的地址描述法；IP 互联网平等地对待互联网中的每一个网络。综上所述，选项 D 说法正确。

(31)【答案】A【解析】本题考查 ADSL 的概念。ADSL 传输速率高，无需拨号，不仅适合将单台计算机接入 Internet，而且可以将一个局域网接入 Internet。ADSL 数据传输需要进行调制解调，一般使用 ADSL 调制解调器来实现，ADSL 调制解调器不但具有调制解调功能，而且具有网桥和路由器的功能，选项 A 说法错误。ADSL 使用比较复杂的调制解调技术，在普通电话线路上进行高速数据传输。在数据传输方向上，ADSL 分为上行和下行两个通道，上行和下行传输速率可以不同，即所谓的非对称性，选项 B 说法正确。ADSL 数据传输可利用现有的电话线，适合于家庭用户使用，选项 C 和 D 说法正确。

(32)【答案】D【解析】本题考查子网掩码的概念。子网屏蔽码又称为子网掩码，表示形式与 IP 地址相似。如果一个子网的网络地址占 n 位（当然它的主机地址就是 32-n 位），则该子网的子网掩码的前 n 位为 1，后 32-n 位为 0。即子网掩码由一连串的 1 和一连串的 0 组成。1 对应于网络地址和子网地址字段，0 对应于主机地址字段。C 类 IP 最后一个字节表示主机号，需要划分 4 位主机号，即 11110000，相应于十进制的 240，子网掩码应该为 255.255.255.240，选项 D 正确。

(33)【答案】B【解析】本题考查 ARP 协议的概念。ARP 即地址解析协议，是以太网经常使用的映射方法，它充分利用了以太网的广播能力。当主机 A 要和主机 B 通信（如主机 A Ping 主机 B）时，其过程为，①主机 A 会先检查其 ARP 缓存内是否有主机 B 的 MAC 地址，如果没有，主机 A 会发送一个 ARP 请求广播包，此包内包含着其欲与之通信的主机的 IP 地址，也就是主机 B 的 IP 地址；② 以太网上的所有主机接收这个请求信息；③当主机 B 收到此广播后，会将自己的 MAC 地址利用 ARP 协议响应包采用单播方式传给主机 A，并更新自己的 ARP 缓存，也就是同时将主机 A 的 IP 地址/MAC 地址对保存起来，以供后面使用。主机 A 在得到主机 B 的 MAC 地址后，就可以与主机 B 通信了。同时，主机 A 也将主机 B 的 IP 地址/MAC 地址对保存在自己的 ARP 协议缓存内。由此可见，选项 B 正确。

（34）【答案】C【解析】本题考查 IP 数据报。理解 IP 数据报对理解 TCP/IP 模型、路由选择等有重要意义。考生应懂得 IP 数据报报头各域的功能。IP 数据报使用标识、标志和片偏移三个域对分片进行控制，分片后的报文会在目的主机进行重组；生存周期是 IP 数据报从源主机到达目的主机的周期，因路由的不同而具有随机性；源 IP 地址与目的 IP 地址在数据报传输过程中，始终保持不变；头部校验和用于保证 IP 头数据的完整性。根据网络使用技术的不同，每种网络都规定了一个帧最多能够携带的数据量，这一限制称为最大传输单元（MTU）。因此，一个 IP 数据包的长度只有小于或等于一个网络的 MTU 时，才能在这个网络中进行传输。由此可见，对 IP 数据报进行分片的主要目的是适应各个物理网络不同的 MTU 长度。选项 C 正确。

（35）【答案】D【解析】本题考查 ICMP 报文的功能。回答请求/应答 ICMP 报文对用于测试目的主机或路由器的可达性，选项 D 说法正确。请求者向特定目的 IP 地址发送一个包含任选数据区的回应请求，要求具有目的 IP 地址的主机或路由器相应。当目的主机或路由器收到该请求后，发挥相应的回应应答，其中包含请求报文中任选数据副本。

（36）【答案】B【解析】本题考查 IP 数据报的知识。报头中有两个表示长度的域，一个为报头长度，一个为总长度。报头长度以 32 位为单位，指出该报头长度。在没有选项和填充的情况下，该值为 5。总长度以 8 位为单位，指示整个 IP 数据报的长度，其中包括头部长度和数据区长度。协议域表示该数据报数据的高级协议类型，用于指明数据区数据的格式；服务类型域规定对本数据报的处理方式。选项 B 说法错误，为本题答案。

（37）【答案】C【解析】该题考查 IP 数据包的传输知识。路由器 R 的路由表可以表示为

要到达的网络	下一路由器
20.0.0.0	直接投递
30.0.0.0	直接投递
10.0.0.0	20.0.0.5
40.0.0.0	30.0.0.7

由此可见，路由器 R 的路由表中，到达网络 40.0.0.0 的下一跳步 IP 地址应为 30.0.0.7，选项 C 正确。

（38）【答案】A【解析】本题考查路由协议的概念。RIP 协议是向量-距离路由选择算法在局域网上的直接实现，其基本思想是路由器周期性地向其相邻路由器广播自己知道的路由信息，用于通知相邻路由器自己可到达的网络以及到达该网络的距离。OSPF 协议使用链路-状态路由选择算法，基本思想是互联网上的每个路由器周期性地向其他路由器广播自己与相邻路由器的链接关系，以使各路由器都可以画出一张互联网拓扑结构图。综上所述，OSPF 向全网广播，RIP 仅向相邻路由器广播，选项 A 说法正确。

（39）【答案】B【解析】本题考查 IPv6 的地址格式。IPv6 是下一版本的互联网协议，它的提出最初是因为互联网的迅速发展，IPv4 定义的有限地址空间将被耗尽，地址空

间的不足必将影响互联网的进一步发展。为了简化 IP_v6 的表示，在有多个 0 出现时，可采用零压缩法，如果几个连续 16 位组的值都为 0，那么这些 0 可以简写为::，称为双冒号表示法。"::"符号在一个地址中只能出现一次，该符号也可以用来压缩地址中前部和尾部的 0。

（40）【答案】A【解析】本题考查客户/服务器的相关知识。在 TCP/IP 互联网中，服务器程序通常使用 TCP 协议或 UDP 协议的端口号作为自己的特定标识。在服务器程序启动时，它首先在本地主机注册自己使用的 TCP 或 UDP 端口号，选项 A 说法正确。IP 地址可以标识特定的网络设备；CPU 序列号可以标识特定的 CPU；MAC 地址可以标识特定的网卡。

（41）【答案】C【解析】本题考查 POP3 协议的相关知识。常用的 POP3 命令如下

命令	描述
USER<用户邮箱名>	客户机希望操作的电子邮箱
PASS<密码>	客户机希望操作的电子邮箱的密码
STAT	查询报文总数和长度
LIST<邮件编号>	列出报文的长度
RETR<邮件编号>	请求服务器发送指定的邮件
DELE<邮件编号>	对指定编号的邮件做删除标记
NOOP	无操作
RSET	复位操作，清除所有删除标记
QUIT	删除具有"删除"标记的邮件，关闭连接

由此可见，在 POP3 命令中，PASS 的主要功能是向服务器提供用户密码，选项 C 正确。

（42）【答案】B【解析】本题考查远程登录的概念。远程登录协议（Telnet）是 TCP/IP 协议集中一个重要的协议。它的优点之一是能够解决多种不同的计算机系统之间的互操作问题。Telnet 协议引入了网络虚拟终端的概念，它提供一种标准的键盘定义，用来屏蔽不同计算机系统对键盘输入的差异性，并不需要客户端和服务器端需要使用相同类型的操作系统，选项 B 说法错误，为本题答案。

（43）【答案】C【解析】本题考查 HTTP 协议的知识。HTTP 协议（Hypertext Transfer Protocol，超文本传输协议）是用于从 WWW 服务器传输超文本到本地浏览器的传送协议。它可以使浏览器更加高效，使网络传输减少，选项 A 说法正确。HTTP 协议基于请求/响应范式（相当于客户机/服务器），定义了请求报文和应答报文的格式，选项 B 说法正确。HTTP 会话过程通常包括连接、请求、应答和关闭 4 个步骤，选项 D 说法正确。HTTP 协议协议并不定义 WWW 服务器上存储文件的格式，选项 C 说法错误。

（44）【答案】A【解析】本题考查 WWW 通信的相关概念。在使用 Internet 进行电子商务等活动时，通常可以使用安全通道（SSL）访问 Web 站点，以避免第三方偷看或篡改，选项 A 说法正确。CA 是证书的签发机构，它是 PKI 的核心，是负责签发证书、认证证书、管理已颁发证书的机关，主要是验证、识别用户身份，并对用户证书进

行签名，以确保证书持有者的身份和公钥的拥有权，选项 B 说法错误。我们可以将确认安全的网站添加到可信站点区域，但如果将问题站点添加到可信区域，可能会将系统陷入危险之中，由此可见并不能防止第三者监听，选项 C 不符合题意。ActiveX 是 Microsoft 对于一系列策略性面向对象程序技术和工具的称呼，其中主要的技术是组件对象模型（COM），禁用 ActiveX 控件不能解决第三者监听，选项 D 不符题意。

（45）【答案】B【解析】本题考查考生对常用软件的了解。腾讯 QQ 是由深圳市腾讯公司参照国外著名软件 ICQ 开发的、基于因特网的即时通信（IM）软件。QQ 在传送消息时进行了加密，即使消息被截获，截获者也不一定能知道消息的内容，选项 B 说法错误。

（46）【答案】D【解析】在我国，将信息和信息系统的安全保护分为 5 个等级，由低到高依次是：自主保护级、指导保护级、监督保护级、强制保护级、专控保护级。选项 D 为正确答案。

（47）【答案】B【解析】本题考查非服务攻击的概念。从网络高层协议的角度看，攻击方法可概括分为两大类：服务攻击与非服务攻击。非服务攻击（Application Independent Attack）不针对某项具体应用服务，而是基于网络层等低层协议而进行。服务攻击是针对某种特定网络服务的攻击，如电子邮件、FTP、HTTP、DNS 等服务。地址欺骗是非服务攻击，选项 B 为本题正确答案。

（48）【答案】D【解析】本题考查 DES 加密算法的概念。DES 采用 64 位的分组长度和 56 位的密钥长度，将 64 位的输入进行一系列变换得到 64 位的输出。解密需要使用相同的不走和相同的密钥。选项 D 正确。

（49）【答案】C【解析】基于加密信息的攻击类型如下。

攻击类型	密码分析者已知信息
唯密文攻击	加密算法 要解密的密文
已知明文攻击	加密算法 要解密的密文 用与待解的密文通义密钥加密的一个或多个明文对
选择明文攻击	加密算法 要解密的密文 分析者任意选择明文，用与待解密的密文同一密钥加密的密文
选择密文攻击	加密算法 要解密的密文 分析者有目的地选择的一些密文，用与待解的密文同一密钥解密的对应明文
选择文本攻击	加密算法 要解密的密文 分析者任意选择明文，用与待解的密文同一密钥加密的对应密文 分析者有目的地选择的一些密文，用与待解的密文同一密钥解密的对应明文

由此可见，选项 C 正确。

（50）【答案】A【解析】本题考查数字签名的相关知识。数字签名是笔迹签名的模拟，因此有如下性质：必须能证实作者签名和签名的日期和时间；在签名时必须能对内容进行鉴别；签名必须能被第三方证实以解决争端。

（51）【答案】B【解析】本题考查身份认证协议的知识。常用的身份认证协议有：一次一密机制；X.509 认证协议；Kerberos 认证协议。S/Key 是身份认证协议的一种，用于客户机/服务器模式中，客户机发送初始化包启动 S/Key 协议，服务器以明文形式发送一个启动值给客户机。客户机利用散列函数对启动值和秘密口令生成一个一次性口令，每次生成的一次性口令都是不同的，然后把它传送给服务器进行认证。X.509 标准是 ITU-T 设计的 PKI 标准，它是为了解决 X.500 目录中的身份鉴别和访问控制问题而设计的。Kerberos 是网络认证协议，其设计目标是通过密钥系统为客户机/服务器应用程序提供强大的认证服务。X.25 是使用电话或 ISDN 设备作为网络硬件设备来架构广域网的 ITU-T 网络协议，不属于身份认证协议，选项 B 为本题正确答案。

（52）【答案】C【解析】PGP 服务如下。

功能	使用的算法	描述
数字签名	DSS/SHA 或 RSA/SHA	使用 SHA-1 创建报文的散列编码。采用 DSS 或 RSA 算法，使用发送者的私钥对这个报文摘要进行加密，并且包含在报文中
报文加密	CAST 或 IDEA，或使用 Diffie-Hellman 的 3DES 或 RSA	使用 CAST-128 或 IDEA 或 3DES，使用发送者生成的一次性会话密钥对报文进行加密，采用 Diffie Hellman 或 RSA，使用接受方公开密钥对会话密钥进行加密并包含在报文中
压缩	ZIP	报文可以使用 ZIP 进行压缩，用于存储传输
电子邮件兼容性	64 基转换	为了提供电子邮件应用的透明性，加密的报文可以使用 64 基转换算法转换成 ASCII 字符
分段	-	为了满足最大报文长度的限制，PGP 挖成了报文的分段和重新装备

由表中可以分析出，PGP 协议使用 DSS/SHA 或 RSA/SHA 等算法，实现数字签名功能，选项 A 和 D 说法正确。PGP 服务可以使用 ZIP 压缩报文，选项 D 说法正确。PGP 协议并不通过认证中心发布公钥，选项 C 说法错误。

（53）【答案】A【解析】本题考查 AES 加密算法的概念。AES 是分组密钥，密钥长度为 128、192 或 256，分组长度为 128 位。AES 使用了基于有限域 $GF(2^8)$ 的不可约多项式 $m(x)=x^8+x^4+x^3+x+1$。选项 A 为本题正确答案。

（54）【答案】B【解析】本题考查组播地址的知识。组播报文的目的地址使用 D 类 IP 地址，范围是从 224.0.0.0 到 239.255.255.255，D 类地址不能出现在 IP 报文的源 IP 地址字段。选项 B 是组播地址。

（55）【答案】A【解析】本题考查 P2P 的相关知识。采用集中式拓扑结构的 P2P 系统称为第一代 P2P 系统，其代表性的软件有 Napster 和 Maze。采用分布式非结构化拓扑结构的 P2P 即时通信软件的典型代表有 Gnutella、Shareazq、Line Wire 和 BearShare。选项 A 为本题正确答案。

（56）【答案】C【解析】本题考查 SIP 协议的概念。SIP 消息包括两种类型：从客户机到服务器的请求消息和从服务器到客户机的响应消息。SIP 消息由一个起始行、消息头、一个标志消息头结束的空行以及作为可选项的消息体组成。SIP 消息的起始行分为请求行和状态行两种，请求行是请求消息的起始行，状态行是响应消息的起始行。由上可知，请求消息包含请求行、消息头、空行和消息体，而响应消息包含状态行、消息头、空行和消息体。选项 C 正确。

(57)【答案】B【解析】本题考查 IPTV 的知识。网络电视（IPTV）是一种利用宽带网络为用户提供交换式多媒体服务的业务，其主要特点在于交互性和实时性。基本技术形态可以概括为视频数字化、播放流媒体化和传输 IP 化，选项 B 正确。

(58)【答案】D【解析】本题考查 IP 电话系统的知识。IP 电话系统有 4 个基本组件：终端设备、网关、多点控制单元（MCU）和网守。

(59)【答案】B【解析】本题考查反病毒软件的知识。反病毒软件可以分为四代，具体如下：简单的扫描程序、启发式扫描程序、行为陷阱、全方位的保护，选项 B 正确。

(60)【答案】A【解析】本题考查搜索引擎的概念。全文搜索引擎在外观、功能等方面千差万别，但一般是由搜索器、索引器、检索器和用户接口 4 个部分组成。选项 A 为本题正确答案。

二、填空题

(1)【答案】【1】静止 或 静态【解析】本题考查 JPFG 的概念。JPEG 是关于静止图像压缩编码的国际标准，由国际标准化组织（ISO）和国际电报电话咨询委员会（CCITT）联合制定。适合于连续色调、多级灰度、单色或彩色静止图像的数字压缩编码

(2)【答案】【2】商业【解析】本题考查软件的知识。按照软件的授权方式，可以分为商业软件、共享软件、自由软件。商业软件必须购买才能使用，称为正版软件。共享软件作者保留版权，但允许他人自由复制试用。自由软件版权虽然人属于原作者，但使用者可以自由复制、自由修改。

(3)【答案】【3】误码率 或 BER【解析】本题考查误码率的概念。误码率是衡量数据在规定时间内数据传输精确性的指标。

(4)【答案】【4】下 或 低【解析】本题考查 OSI 参考模型的知识。OSI 参考模型将整个通信功能划分为 7 个层次，如下：网中各结点都有相同的层次；不同结点的同等层具有相同的功能；同一结点内相邻层之间通过接口通信；每一层使用下层提供的服务，并向其上层提供服务；不同结点的同等层按照协议实现对等层之间的通信。

(5)【答案】【5】MAC 或 介质访问控制【解析】本题考查 IEEE802 的概念。IEEE802 模型中将数据链路层划分为两个子层：逻辑链路控制（LLC）子层与介质访问控制（MAC）子层。不同局域网在 MAC 子层和物理层可以采用不同的协议，但在 LLC 子层必须采用相同的协议。

(6)【答案】【6】Ad hoc 或 无线自组网【解析】本题考查 Ad hoc 的概念。无线自组网（Ad hoc）采用一种不需要基站的"对等结构"移动通信模式。Ad hoc 中没有固定的路由器。这种网络中的所有用户都可能移动，并且系统支持动态配置和动态流量控制。

(7)【答案】【7】连接【解析】本题考查 TCP 协议的概念。TCP 协议是一种可靠的面向连接的协议，它允许将一台主机的字节流无差错传送到目的主机。UDP 协议是一种不可靠的无连接协议，主要用于不要求分组顺序到达的传输中，分组传输顺序的检查与排序由应用层完成。

（8）【答案】【8】路由 或 路径【解析】本题考查广域网的概念。在广域网中，数据分组传输过程需要进行路由选择与分组转发。

（9）【答案】【9】分配【解析】本题考查内存管理的知识。内存管理实现内存的分配、回收、保护和扩充。

（10）【答案】【10】进程【解析】本题考查 Unix 的知识。Unix 内核部分包括文件子系统、进程控制子系统。

（11）【答案】【11】127【解析】本题考查 IP 地址的知识。回送地址 127.0.0.1 是一个保留地址，用于网络软件测试以及本地及其进程间通信。回送地址通常用于网络软件测试和本地机器进程间通信，这类 IP 地址通常是以十进制数 127 开始的。如 ping 127.0.0.1 测试本机 TCP/IP 是否正常。

（12）【答案】【12】松散【解析】本题考查 IP 数据报的概念。源路由选项可用于测试某特定网络的吞吐率，也可以使数据报绕开出错网络，源路由选项可以分为两类：一类是严格源路由选项、一类是松散源路由选项。

（13）【答案】【13】往返时间（RTT）【解析】本题考查 TCP 协议的概念。其工作原理是：对每条连接 TCP 都保持一个变量 RTT，用于存放当前到目的端往返所需要时间最接近的估计值。当发送一个数据段时，同时启动连接的定时器，如果在定时器超时前确认到达，则记录所需要的时间（M），并修正 RTT 的值，如果定时器超时前没有收到确认，则将 RTT 的值增加 1 倍。通过测量一系列的 RTT（往返时间）值，TCP 协议可以估算数据包重发前需要等待的时间。多次发送数据和接受确认之后，TCP 就产生了一系列的往返时间估计值。

（14）【答案】【14】递归【解析】本题考查域名解析服务的相关知识。域名解析服务主要有两种形式：反复解析和递归解析。

（15）【答案】【15】创建 或 建立【解析】本题考查 SMTP 协议的相关知识。SMTP 邮件传递过程大致分为三个阶段：连接建立阶段、邮件传递阶段、连接关闭阶段。

（16）【答案】【16】服务质量 或 QoS【解析】本题考查性能管理的概念。性能管理的目的是维护网络服务质量和维护网络运营效率。

（17）【答案】【17】存储【解析】本题考查网络信息安全的知识。确保网络系统的信息安全是网络安全的目标，对网络系统二千，主要包括两个方面：信息的存储安全和信息的传输安全。

（18）【答案】【18】16【解析】本题考查 DES 加密的知识。DES 加密过程大致为首先进行 64 位的明文经过初始置换而被重新排列，然后进行 16 轮相同函数的作用，每轮的作用都有置换和代替。最后一轮迭代的输出有 64 位。

（19）【答案】【19】应用【解析】本题考查防火墙的相关知识。三种常用的防火墙依次是：包过滤路由器、应用级网关和电路级网关。

（20）【答案】【20】域内 或 域中【解析】本题考查组播协议的相关知识。组播协议分为主机和路由器之间的协议，即组播组管理协议以及路由器和路由器之间的协议。组播路由协议又分为域内组播路由协议以及域间组播路由协议。

2010 年 9 月三级网络技术笔试试卷

（考试时间 120 分钟，满分 100 分）

一、选择题

下列各题 A）、B）、C）、D）四个选项中，只有一个选项是正确的。请将正确选项涂写在答题卡相应位置上，答在试卷上不得分。

（1）1991 年 6 月中国科学院首先与美国斯坦福大学实现 Internet 联接，它开始是在
    A）电子物理所   B）计算技术所
    C）高能物理所   D）生物化学所

（2）关于计算机应用的描述中，正确的是
    A）嵌入式过程控制装置通常用高档微机实现
    B）制造业通过虚拟样机测试可缩短投产时间
    C）专家诊断系统已经全面超过著名医生的水平
    D）超级计算机可以准确进行地震预报

（3）关于客户端机器的描述中，错误的是
    A）工作站可以作客户机使用
    B）智能手机可以作客户机使用
    C）笔记本可以作客户机使用，能无线上网
    D）台式机可以作客户机使用，不能无线上网

（4）关于计算机配置的描述中，正确的是
    A）SATA 是串行接口硬盘标准
    B）SAS 是并行接口硬盘标准
    C）LCD 是发光二极管显示器
    D）PDA 是超便携计算机

（5）关于软件的描述中，错误的是
    A）软件由程序与相关文档组成
    B）系统软件基于硬件运行
    C）Photoshop 属于商业软件
    D）微软 Office 属于共享软件

（6）关于图像压缩的描述中，正确的是
    A）图像压缩不容许采用有损压缩
    B）国际标准大多采用混合压缩
    C）信息嫡编码属于有损压缩
    D）预测编码属于无损压缩

（7）关于 OSI 参考模型的描述中，错误的是
    A）由 ISO 组织制定的网络体系结构

B）称为开放系统互连参考模型

C）将网络系统的通信功能分为七层

D）模型的底层称为主机一网络层

（8）基于集线器的以太网采用的网络拓扑是

A）树状拓扑 B）网状拓扑 C）星形拓扑 D）环形拓扑

（9）关于误码率的描述中，正确的是

A）描述二进制数据在通信系统中传输出错概率

B）用于衡量通信系统在非正常状态下的传输可靠性

C）通信系统的造价与其对误码率的要求无关

D）采用电话线的通信系统不需要控制误码率

（10）在 TCP/IP 参考模型中，实现进程之间端到端通信的是

A）互联层 B）传输层 C）表示层 D）物理层

（11）Telnet 协议实现的基本功能是

A）域名解析 B）文件传输 C）远程登录 D）密钥交换

（12）关于交换式局域网的描述中，正确的是

A）支持多个节点的并发连接

B）采用的核心设备是集线器

C）采用共享总线方式发送数据

D）建立在虚拟局域网基础上

（13）IEEE 802.3u 标准支持的最大数据传输速率是

A）10Gbps B）1Gbps C）100Mbps D）10Mbps

（14）以太网的帧数据字段的最小长度是

A）18B B）46B C）64B D）1500B

（15）关于无线局域网的描述中，错误的是

A）采用无线电波作为传输介质

B）可以作为传统局域网的补充

C）可以支持 1 Gbps 的传输速率

D）协议标准是 IEEE 802.11

（16）以下 P2P 应用中，属于文件共享服务的是

A）Gnutella B）Skype C）MSN D）ICQ

（17）关于千兆以太网物理层标准的描述中，错误的是

A）1000BASE-T 支持非屏蔽双绞线

B）1000BASE-CX 支持无线传输介质

C）1000BASE-LX 支持单模光纤

D）1000BASE-SX 支持多模光纤

（18）随机争用型的介质访问控制方法起源于

A）ARPANET

B）TELENET

C）DATAPAC

D）ALOHA

（19）关于 IEEE 802 参考模型的描述中，正确的是

A）局域网组网标准是其重要研究方面

B）对应 OSI 参考模型的网络层

C）实现介质访问控制的是 LLC 子层

D）核心协议是 IEEE 802.15

（20）以下网络设备中，可能引起广播风暴的是

A）网关　　　　B）网桥　　　　　C）防火墙　　　　　D）路由器

（21）关于网络应用的描述中，错误的是

A）博客是一种信息共享技术

B）播客是一种数字广播技术

C）对等计算是一种即时通信技术

D）搜索引擎是一种信息检索技术

（22）支持电子邮件发送的应用层协议是

A）SNMP　　　B）RIP　　　　　C）POP　　　　　D）SMTP

（23）关于 TCP/IP 参考模型的描述中，错误的是

A）采用四层的网络体系结构

B）传输层包括 TCP 与 ARP 两种协议

C）应用层是参考模型中的最高层

D）互联层的核心协议是 IP 协议

（24）关于操作系统的描述中，正确的是

A）由驱动程序和内存管理组成

B）驱动程序都固化在 BIOS 中

C）内存管理通过文件系统实现

D）文件句柄是文件的识别依据

（25）关于网络操作系统的描述中，错误的是

A）早期网络操作系统支持多硬件平台

B）当前网络操作系统具有互联网功能

C）硬件抽象层与硬件平台无关

D）早期网络操作系统不集成浏览器

（26）关于 Windows 2000 Server 的描述中，正确的是

A）保持了传统的活动目录管理功能

B）活动目录包括目录和目录服务两部分

C）活动目录的逻辑单位是域

D）活动目录的管理单位是组织单元

（27）关于 Unix 操作系统产品的描述中，错误的是

A）IBM 的 Unix 是 AIX

B）HP 的 Unix 是 HP-UX

C）SUN 的 Unix 是 Solaris

D）SCO 的 Unix 是 Unix BSD

（28）关于 Linux 操作系统的描述中；正确的是

A）内核代码与 Unix 相同

B）是开放源代码的共享软件

C）图形用户界面有 KDE 和 GNOME

D）红帽 Linux 也称为 SUSE Linux

（29）在 Internet 中，网络互联采用的协议为

A）ARP　　　　　　B）IPX　　　　　C）SNMP　　　　　　D）IP

（30）关于网络接入技术的描述中，错误的是

A）传统电话网的接入速率通常较低

B）ADSL 的数据通信不影响语音通信

C）HFC 的上行和下行速率可以不同

D）DDN 比较适合家庭用户使用

（31）关于互联网的描述中，错误的是

A）隐藏了低层物理网络细节

B）不要求网络之间全互联

C）可随意丢弃报文而不影响传输质量

D）具有统一的地址描述法

（32）关于 ICMP 差错控制报文的描述中，错误的是

A）不享受特别优先权　　　　　　B）需要传输至目的主机

C）包含故障 IP 数据报报头　　　　D）伴随抛弃出错数据报产生

（33）IPv6 数据报的基本报头（不包括扩展头）长度为

A）20B　　　　　　B）30B　　　　　C）40B　　　　　D）50B

（34）关于 IPv6 地址自动配置的描述中，正确的是

A）无状态配置需要 DHCPv6 支持，有状态配置不需要

B）有状态配置需要 DHCPv6 支持，无状态配置不需要

C）有状态和无状态配置都需要 DHCPv6 支持

D）有状态和无状态配置都不需要 DHCPv6 支持

（35）在下图显示的互联网中，如果主机 A 发送了一个目的地址为 255.255.255.255 的 IP 数据报，那么有可能接收到该数据报的设备为

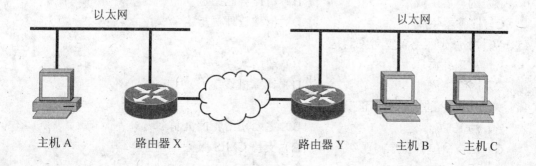

以太网　　　　　　　　　　　　　　　　以太网

主机 A　　　　路由器 X　　　　　　路由器 Y　　　主机 B　　　主机 C

A）路由器 X   B）路由器 Y   C）主机 B   D）主机 C

（36）下表为一路由器的路由表。如果该路由器接收到目的地址为 10.8.1.4 的 IP 数据报，那么它采取的动作为

子网掩码	要到达的网络	下一路由器
255.255.0.0	10.2.0.0	直接投递
255.255.0.0	10.3.0.0	直接投递
255.255.0.0	10.1.0.0	10.2.0.5
255.255.0.0	10.4.0.0	10.3.0.7

A）直接投递   B）抛弃   C）转发至 10.2.0.5   D）转发至 10.3.0.7

（37）在目前使用的 RIP 协议中，通常使用以下哪个参数表示距离？

A）带宽   B）延迟   C）跳数   D）负载

（38）关于 TCP 提供服务的描述中，错误的是

A）全双工   B）不可靠   C）面向连接   D）流接口

（39）TCP 协议在重发数据前需要等待的时间为

A）1ms   B）1s   C）10s   D）动态估算

（40）在客户/服务器计算模式中，响应并发请求通常采取的两种方法是

A）递归服务器与反复服务器   B）递归服务器与并发服务器

C）反复服务器与重复服务器   D）重复服务器与并发服务器

（41）在 DNS 系统的资源记录中，类型"MX"表示

A）主机地址   B）邮件交换机

C）主机描述   D）授权开始

（42）在使用 FTP 下载文件时，为了确保下载保存的文件与原始文件逐位一一对应，用户应使用的命令为

A）binary   B）ascii   C）passive   D）cdup

（43）关于 WWW 服务系统的描述中，错误的是

A）采用客户/服务器计算模式

B）传输协议为 HTML

C）页面到页面的连接由 URL 维持

D）客户端应用程序称为浏览器

（44）在使用 SSL 对浏览器与服务器之间的信息进行加密时，会话密钥由

A）浏览器生成   B）用户自己指定

C）服务器生成   D）网络管理员指定

（45）以下不属于网络管理对象的是

A）物理介质   B）通信软件

C）网络用户   D）计算机设备

（46）关于 CMIP 的描述中，正确的是

A）由 IETF 制定   B）主要采用轮询机制

C）结构简单，易于实现   D）支持 CMIS 服务

（47）以下哪种攻击属于服务攻击？

    A）源路由攻击   B）邮件炸弹

    C）地址欺骗   D）流量分析

（48）目前 AES 加密算法采用的密钥长度最长是

    A）64 位   B）128 位   C）256 位   D）512 位

（49）以下哪种算法是公钥加密算法？

    A）Blowfish   B）RC5   C）三重 DES   D）ElGarnal

（50）甲要发给乙一封信，他希望信的内容不会被第三方了解和篡改，需要

    A）仅加密信件明文，将得到的密文传输

    B）对加密后的信件生成消息认证码，将密文和消息认证码一起传输

    C）对明文生成消息认证码，加密附有消息认证码的明文，将得到的密文传输

    D）对明文生成消息认证码，将明文与消息认证码一起传输

（51）以下属于身份认证协议的是

    A）S/Key   B）IPSec   C）S/MIME   D）SSL

（52）关于 PGP 安全电子邮件协议的描述中，正确的是

    A）数字签名采用 MD5   B）压缩采用 ZIP

    C）报文加密采用 AES   D）不支持报文分段

（53）用户每次打开 Word 程序编辑文档时，计算机都把文档传送到一台 FTP 服务器，因此可以怀疑 Word 程序中已被植入了

    A）蠕虫病毒   B）特洛伊木马   C）FTP 服务器   D）陷门

（54）以下哪个不是密集模式组播路由协议？

    A）DVMRP   B）MOSPF   C）PIM-DM   D）CBT

（55）Skype 是哪种 P2P 网络拓扑的典型代表？

    A）集中式   B）分布式非结构化

    C）分布式结构化   D）混合式

（56）即时通信系统工作于中转通信模式时，客户端之间交换的消息一定包含

    A）目的地电话号码   B）用户密码

    C）请求方唯一标识   D）服务器域名

（57）IPTV 的基本技术形态可以概括为视频数字化、传输 IP 化和

    A）传输 ATM 化   B）播放流媒体化

    C）传输组播化   D）传输点播化

（58）SIP 系统的四个基本组件为用户代理、代理服务器、重定向服务器和

    A）路由器   B）交换机

    C）网守   D）注册服务器

（59）数字版权管理主要采用的技术为数字水印、版权保护、数字签名和

    A）认证   B）访问控制

    C）数据加密   D）防篡改

（60）SIMPLE 是对哪个协议的扩展？

    A）XMPP   B）JABBER

  C）MSNP   D）SIP

二、填空题（每空 2 分，共 40 分）

  请将答案分别写在答题卡中序号为【1】至【20】的横线上，答在试卷上不得分。

（1）精简指令系统计算机的英文缩写是【1】。

（2）Authorware 是多媒体【2】软件。

（3）在网络协议的三个要素中，【3】用于定义动作与响应的实现顺序。

（4）在 OSI 参考模型中，同一节点的相邻层之间通过【4】通信。

（5）数据传输速率为 $6×10^7$ bps，可以记为【5】Mbps。

（6）无线局域网的介质访问控制方法的英文缩写为【6】。

（7）万兆以太网采用【7】作为传输介质。

（8）在 TCP/IP 参考模型中，支持无连接服务的传输层协议是【8】。

（9）Windows Server 2003 的四个版本为 Web 版、标准版、企业版和【9】版。

（10）图形用户界面的英文缩写是【10】。

（11）如果借用 C 类 IP 地址中的 3 位主机号部分划分子网，则子网掩码应该为【11】。（请采用点分十进制法表示）

（12）IP 数据报选项由选项码、【12】和选项数据三部分组成。

（13）OSPF 属于链路【13】路由选择算法。

（14）Telnet 利用【14】屏蔽不同计算机系统对键盘输入解释的差异。

（15）POP3 的通信过程可以分成三个阶段：认证阶段、【15】阶段和更新关闭阶段。

（16）计费管理的主要目的是控制和【16】网络操作的费用和代价。

（17）网络的信息安全主要包括两个方面：存储安全和【17】安全。

（18）X.800 将安全攻击分为主动攻击和【18】攻击。

（19）网络防火墙的主要类型为包过滤路由器、应用级网关和【19】网关。

（20）域内组播路由协议可分为密集模式和【20】模式。

2010 年 9 月三级网络技术笔试试卷答案与解析

一、选择题

(1) 【答案】C【解析】该题考查互联网在中国的发展知识。1991 年 6 月，我国第一条与国际互联网连接的专线建成，它从中科院高能物理所到斯坦福大学直线加速器中心。到 1994 年，我国才实现了采用 TCP/IP 协议的国际互联网的全功能连接，可以通过 4 大主干网接入因特网。选项 C 正确。

(2) 【答案】B【解析】本题考查计算机应用的相关知识。嵌入式的过程控制装置一般使用低档微机，选项 A 说法错误；按照现有技术，专家诊断系统可能在某些方面很便捷、实用，但不可能超过著名医生水平，选项 C 说法错误；D 选项很明显可以根据生活实例来判断，超级计算机能辅助我们进行预测，还不能做到准确和精确，选项 D 说法错误。本题正确答案为选项 B，制造业通过虚拟样机测试可缩短投产时间。

(3) 【答案】D【解析】本题考查客户机和服务器的相关知识。工作站处理能力较强，一般做服务器，当然也能做客户机，选项 A 说法正确。现在的智能手机已经具备了计算机的很多特点，可以作为客户机实现上网等应用，选项 B 说法正确。笔记本可以作客户机使用，没有无线模块的笔记本可以通过添加无线模块实现无线上网，带有无线模块的笔记本能直接无线上网，选项 C 说法正确。台式机可以添加无线模块，通过无线模块实现无线上网，选项 D 说法错误。

(4) 【答案】A【解析】本题考查计算机配置的相关知识。SAS 是新一代的 SCSI 技术，与现在流行的 Serial ATA（SATA）硬盘相同，都是采用串行技术以获得更高的传输速度，并通过缩短连接线改善内部空间等，SAS 和 SATA 都是串行接口硬盘标准，选项 A 说法正确，选项 B 说法错误。LCD 是液晶显示器的简称，发光二极管显示器缩写为 LED，选项 C 说法错误。PDA 即掌上电脑的简称，选项 D 说法错误。

(5) 【答案】D【解析】本题考查软件的相关知识。软件并不仅仅指编写的程序，还包括数据和文档，文档是软件开发、使用和维护中不可缺少的资料，选项 A 说法正确。系统软件基于硬件运行，选项 B 说法正确。软件分为商业软件和共享软件，使用商业软件是需要付费获得授权，Photoshop 和微软 Office 都属于商业软件的范畴，选项 C 说法正确，选项 D 说法错误。本题正确答案为选项 D。

(6) 【答案】B【解析】本题考查图像压缩的概念。图像压缩根据实际用途选用不同的标准，如带宽限制时需要有损压缩，而专业图像处理需要无损压缩，可见选项 A 说法错误。国际标准多采用混合压缩，根据实际需要压缩图像，选项 B 说法正确。信息熵编码时只压缩冗余不损伤信息熵，因此是无损压缩，选项 C 说法错误，预测编码是指去除相邻像素之间的相关性和冗余性，只对新信息进行编码，选项 D 说法错误。

(7) 【答案】D【解析】本题考查 OSI 参考模型的概念，OSI 参考模型的概念及各层功能以各种方式经常出现在考试中，请特别注意。OSI（Open System Interconnect）开放式系统互联一般都叫 OSI 参考模型，是 ISO（国际标准化组织）组织在 1985 年研究的网络互联模型。国际标准化组织 ISO 发布的最著名标准是 ISO/iIEC 7498，又称为 X.200 协议。该体系结构标准定义了网络互连的 7 层框架，即 ISO 开放系统互连参考模型。OSI 模型的底层是物理层，而 TCP/IP 模型的底层才是主机-网络层，选项 D 说法错误。

（8）【答案】C【解析】本题考查网络拓扑的相关知识。集线器类似于一个以太网的结点，主机之间需要通过集线器来互相联系，因此可以想象这是星形拓扑的结构，选项 C 正确。现在已经用路由器替代了集线器。

（9）【答案】A【解析】本题考查对误码率概念的理解。误码率是二进制码元在数据传输系统中被传错的概率，在理解误码率定义时，应注意以下 3 个问题：① 误码率应该是衡量数据传输系统正常工作状态下传输可靠性的参数，而不是非正常状态下的传输可靠性，所以选项 A 说法正确，选项 B 说法错误。对于实际的数据传输系统，不能笼统地说误码率越低越好，要根据实际传输要求提出误码率要求，电话线通信虽然对误码率要求不高，但也不能不控制，选项 D 说法错误。② 在数据传输速率确定后，误码率越低，传输系统设备越复杂，造价越高，选项 C 说法错误。③ 对于实际数据传输系统，如果传输的不是二进制码元，要折合成二进制码元来计算。误码率是指二进制码元在数据传输系统中被传错的概率，在数值上近似等于：$Pe=Ne/N$。

（10）【答案】B【解析】本题考查 TCP/IP 参考模型的概念。TCP/IP 参考模型可以分为 4 个层次：应用层、传输层、互联层、主机-网络层（网络接口层）。其中，应用层与 OSI 的应用层等对应，传输层与 OSI 的传输层对应，互联层与 OSI 的网络层对应，主机-网络层与 OSI 数据链路层和物理层对应。TCP/IP 参考模型的传输层与 OSI 参考模型的传输层功能相似，传输层的主要任务是向用户提供可靠的端到端服务，透明的传送报文，选项 B 正确。

（11）【答案】C【解析】本题考查 Telnet 协议的概念。远程登录协议 Telnet 是 TCP/IP 协议族中的重要协议，它的优点是能够解决多种不同的计算机及操作系统之间的互操作问题，远程登录定义的网络虚拟终端提供了一种标准的键盘定义，可用来屏蔽不同计算机系统对键盘输入的差异性。用户登录远程计算机后，可执行远程计算机上的任何程序，相当于远程计算机的仿真终端。域名解析使用 DNS 协议，文件传输使用 FTP 协议。

（12）【答案】A【解析】本题考查交换式局域网的概念。交换式局域网通过建立"交换控制中心"，避免冲突的发生，同一时间可支持多对连接，有效提高了带宽利用率，改善了网络性能。交换式局域网的核心组件是局域网交换机，选项 B 说法错误。交换式局域网从根本上改变了"共享介质"的工作方式，交换机支持端口间的多个并发连接，从而实现多个节点的并发传输，达到增加局域网带宽，改善局域网的性能与服务质量的目的，选项 C 说法错误。虚拟局域网技术就是为了解决传统局域网的局限性而诞生的。它在功能和操作上与传统局域网并无二致，但它允许结点位于不同的物理网段上，即不受网段的物理位置限制，选项 D 说法错误。选项 A 说法正确，为本题正确答案。

（13）【答案】C【解析】本题考查 IEEE 802.3u 的相关知识。IEEE 802 模型与协议标准是考试重点内容，考生应注意区分各协议标准。快速以太网标准 IEEE 802.3u 在 LLC

子层使用 IEEE 802.2 标准，在 MAC 子层使用 CSMA/CD 方法，只是定义了新的物理层标准 100 BASE-T，最大数据传输速率可达到 100Mbps，选项 C 正确。IEEE802.3a 标准支持的最大数据传输速率是 10Gbps，IEEE802.3z 标准支持的最大数据传输速率是 1Gbps，IEEE802.3 标准支持的最大数据传输速率是 10Mbps。

（14）【答案】B【解析】本题考查以太网的相关知识。以太网数据字段是高层待发送的数据部分。数据字段的最小长度是 46B，如果帧的数据字段值小于 46B，应该将它填充至 46B。最大长度是 15000B。选项 B 正确。

（15）【答案】C【解析】本题考查无线局域网的概念。无线局域网是实现移动计算机网络的关键技术之一。它以微波、激光、红外及无线电波来部分或全部代替有线局域网中的电缆、双绞线和光纤，实现了移动计算网络中移动结点的 I 物理层与 II 数据链路层功能，构成无线局域网。目前常用的无线标准传输的速率分别是 1Mbps、2Mbps、3.5 Mbps、11 Mbps 以及 54 Mbps，达不到 1 Gbps，选项 C 说法错误。IEEE 802.11 标准定义了无线局域网技术规范。

（16）【答案】A【解析】本题考查常用软件。Skype、MSN 和 ICQ 都是即时通信软件，支持文字、语音以及视频。Gnutella 是一套开放式、非集中化的个人对个人搜索系统，主要用于通过因特网寻找和交换文件，属于文件共享服务。本题正确答案为选项 A。

（17）【答案】B【解析】本题考查千兆以太网的相关标准。支持单模光纤的千兆以太网物理层标准是 1000BASE-LX 单模光纤，选项 C 正确；支持多模光纤的千兆以太网物理层标准是 1000BASE-SX，选项 D 正确；支持屏蔽双绞线的千兆以太网物理层标准是 1000BASE-CX，选项 B 错误；支持非屏蔽双绞线的千兆以太网物理层标准是 1000BASE-T，选项 A 正确。选项 B 为本题正确答案。

（18）【答案】D【解析】本题考查以太网控制方法的知识。CSMA/CD 是一种争用型的介质访问控制协议。它起源于美国夏威夷大学开发的 ALOHA 网所采用的争用型协议，并进行了改进，使之具有比 ALOHA 协议更高的介质利用率。另一个改进是，对于每一个站而言，一旦它检测到有冲突，它就放弃它当前的传送任务。选项 D 正确。

（19）【答案】A【解析】本题考查 IEEE 802 参考模型的概念。IEEE 802 委员会为局域网制定了一系列标准，统称 IEEE 802 标准，选项 A 说法正确。IEEE 802 标准所描述的局域网参考模型只对应 OSI 参考模型的数据链路层与物理层，它将数据链路层划分为逻辑链路控制 LLC 子层与介质访问控制 MAC 子层，选项 B 和选项 C 说法错误。IEEE 802 标准核心协议是 IEEE 802.3（以太网规范），定义 CSMA/CD 标准的总线介质访问控制（MAC）子层和物理层规范，选项 D 说法错误。

（20）【答案】B【解析】本题考查网络设备的知识。根据网桥原理可知，网桥要确定传输到某个结点的数据帧要通过哪个端口转发，就必须在网桥中保存一张端口-结点地址表。随着网络规模的扩大与用户结点数的增加，会不断出现端口-结点地址表中没有的结点地址信息。当带有这类信息时，网桥只有通过所有端口广播，造成"广播风暴"问题。正确答案为选项 B。

（21）【答案】C【解析】本题考查常见网络应用的知识。博客又称为网络日志、部落格或部落阁等，是通常由个人管理、不定期张贴新文章的网站，是一种信息共享技术，选项 A 说法正确。播客 Podcast 是 Ipod+broadcasting，是数字广播技术的一种，选项 B 说法正确。对等计算是允许瘦客户机直接与其他瘦客户机进行通信的分布式计算结构，而不是即时通信技术，选项 C 说法错误。搜索引擎是信息检索技术，常用的搜索引擎有百度，谷歌等，选项 D 说法正确。

（22）【答案】D【解析】本题考查题电子邮件协议的知识。电子邮件应用程序在向邮件服务器传送邮件时使用简单邮件传输协议 SMTP。从邮件服务器的邮箱中读取时可以使用 POP3 协议或 IMAP，选项 B 正确。选项 A 是简单网络管理协议，选项 C 是路由信息协议。本题正确答案为选项 D。

（23）【答案】B【解析】本题考查 TCP/IP 参考模型，属于考试重点内容。TCP/IP 参考模型可以分为 4 个层次：应用层、传输层、连接层和主机-网络层。其中，应用层与 OSI 的应用层对应，传输层与 OSI 的传输层对应。连接层与 OSI 的网络层对应，主机-网络层与 OSI 数据链路层和物理层对应。TCP/IP 模型的传输层定义了两种协议：传输控制协议 TCP 与用户数据报协议 UDP；而 ARP 是工作在应用层的地址解析协议，选项 B 说法错误。

（24）【答案】D【解析】本题考查操作系统的概念。操作系统是庞大的管理控制程序，包括多方面管理功能：进程与处理机管理、作业管理、存储管理、设备管理、文件管理等，选项 A 说法错误。为电脑更换新硬件一般需要安装新驱动，如果固化，更换的新硬件必然不能被识别，选项 B 说法错误。内存管理和文件系统是两个不同的概念，选项 C 说法错误。本题正确答案为选项 D。

（25）【答案】A【解析】本题考查网络操作系统的概念。网络系统本质上应该独立于具体的硬件平台，但早期的技术环境并不能做到，选项 A 说法错误。

（26）【答案】B【解析】本题考查 Windows 2000 Server 的相关知识。Windows 2000 Server 与 Windows NT 区别在于采用了活动目录服务，所有域控制器之间都是平等关系，不再区分主域控制器与备份域控制器，选项 A 说法错误。活动目录管理是 Windows 2000 Server 才出现的新功能，活动目录包括两个方面：一个是目录，另一个是目录服务，活动目录服务把域划分为组织单元，组织单元是一个逻辑单位，选项 B 说法正确，选项 C 和 D 说法错误。另外，Windows2000 Server 不再划分全局组和本地组，组内可以包含任何用户和其他组账户，而不管它们在域目录树的什么位置，这样就有利于用户对组进行管理。

（27）【答案】D【解析】本题考查 Unix 操作系统的知识。1981 年加州大学伯克利分校在 VAX 机器上推出 UNIX 的伯克利版本，就是 UNIX BSD。SCO 公司的 Unix 是 UNIX SV R4.0，选项 D 说法错误。

（28）【答案】C【解析】本题考查 Linux 操作系统的知识。Linux 是开源的自由软件，Linux 与 Unix 类似，但不同，几乎所有的 Unix 工具都可以运行在 Linux 上，选项 A 说法错误。Linux 图形界面有 KDE 和 GNOME 两种，选项 C 说法正确。红帽 Linux 和 SUSE Linux 是两个不同版本的 Linux，选项 D 说法错误。

（29）【答案】D【解析】本题考查互联网协议的知识。网络互联采用的协议是 IP 协议。

ARP 是地址解析协议，IPX 是互联网分组交换协议，SNMP 是简单网络管理协议。

(30)【答案】D【解析】本题考查网络接入技术的知识。目前主要有三种运营网络：电信网、有线电视网和计算机网。三种网络的发展将导致界限越来越模糊，它们将共同构造信息高速公路的网络基础设施。传统电话网的接入速率通常较低，而新型的宽带接入技术传输速率已经很高，选项 A 说法正确。非对称数字用户线（ADSL）是在无中继的用户环路网上，使用有负载电话线提供高速数字接入的传输技术，可在现有任意双绞线上传输，误码率低，下行数字通道的传输速率可达 6Mbps，上行数字信道的传输速率可达 144Kbps 或 384kbps，与模拟用户话路独立，采用线路码，不影响语音通信，选项 B 说法正确。光纤到同轴电缆混合网（HFC）从介入用户的角度来看是经过双向改造的有线电视网络，但从总体上看是以同轴电缆网络为最终接入部分的宽带网络系统，HFC 的上行和下行速率可以不同，选项 C 说法正确。数据通信网是专门为数据信息传输建设的网络，其种类包括 DDN、ATM、帧中继等，家庭用户使用这类网络的成本太高，选项 D 说法错误。

(31)【答案】C【解析】本题考查互联网的知识。互联是指世界上众多的计算机网络的互联。例如，因特网是互联网，它是将提供不同服务的、使用不同技术的、具有不同功能的物理网络互联起来而形成的，如果随意丢弃报文必然会影响传输质量，选项 C 说法错误。

(32)【答案】B【解析】本题考查 ICMP 的概念。ICMP 是 Internet 控制报文协议。它是 TCP/IP 协议族的子协议，用于在 IP 主机、路由器之间传递控制消息。控制消息是指网络是否通、主机是否可达、路由是否可用等网络本身的消息。这些控制消息虽然并不传输用户数据，但对用户数据的传递起着重要作用。选项 B 说法错误。

(33)【答案】C【解析】本题考查 IPv6 数据报的概念。IPv6 报头长度固定为 40 字节，去掉了 IPv4 中一切可选项，只包括 8 个必要字段，因此，尽管 IPv6 地址长度为 IPv4 的 4 倍，IPv6 报头长度仅为 IPv4 报头长度的两倍。报头中有两个表示长度的域，一个为报头长度，一个为总长度。报头长度以 32 位上字节为单位，在没有选项和填充的情况下，该值为 40B，选项 C 为本题正确答案。

(34)【答案】B【解析】本题考查 IPv6 地址自动配置的概念。向 IPv6 主机提供有状态的地址配置或无状态的配置设置。无状态地址自动配置用于对链接本地地址和其他非链接本地地址两者进行配置，方法是与相邻路由器交换路由器请求和路由器公告消息。有状态地址自动配置通过使用诸如 DHCP 这样的配置协议，来配置非链接本地地址。IPv6 主机自动执行无状态地址自动配置，不需要 DHCPv6 支持。本题正确答案为选项 B。

(35)【答案】A【解析】本题考查 IP 地址的广播地址，IP 地址形式是考试重点，考生应掌握几种特殊地址的功能和作用。IP 具有两种广播地址，直接广播地址和有限广播地址。直接广播地址包含一个有效的网络号和一个全 1 的主机号，作用是向其他网络广播信息；32 位全为 1 的 IP 地址（255.255.255.255）称为有限广播地址，用于本网广播，将广播方位限制在最小范围内。综上所述，如果主机 A 发送了目的地址为 255.255.255.255 的 IP 数据报，那么有可能接收到该数据报的设备为路由器 X，选项 A 正确。

(36)【答案】B【解析】本题考查路由的知识。表中，IP 数据包在传输过程中，该路由器接收到该数据包，并判断目的地址 10.8.1.4 是否与自己属同一网络，显然不在同一网络。本路由器必须将 IP 数据包投递给另一路由器，但该路由器的路由表中没有对应目的的网络的下一跳步，因此会将其抛弃，选项 B 正确。路由表除了可以包含到某一网络的路由和到某一特定的主机路由外，还可以包含一个非常特殊的路由即默认路由。如果路由表中没有包含到某一特定网络或特定主机的路由，在使用默认路由的情况下，路由选择例程就可以将数据报发送到这个默认路由上，而本路由表并不包含默认路由。

(37)【答案】C【解析】本题考查 RIP 协议的概念。RIP 协议的全称是内部网关协议（IGP），是动态路由选择，用于自治系统（AS）内的路由信息的传递。RIP 协议是基于距离矢量算法的，它使用跳数，即 metric 来衡量到达目标地址的路由距离。这种协议的路由器只关心自己周围的世界，只与自己相邻的路由器交换信息，范围限制在 15 跳之内，再远就不关心了，选项 C 正确。RIP 应用于 OSI 网络七层模型的网络层。

(38)【答案】B【解析】本题考查 TCP 协议的概念。TCP 协议是可靠的面向连接的协议，它允许将一台主机的字节流无差错地传到目的主机。TCP 协议在控制传输的过程中还需要进行流量控制，协调收发双方的收发速度，达到正确传输的目的。TCP 还可以提供可靠的全双工数据流传输服务。TCP 提供端到端的可靠连接服务，UDP 提供的是不可靠服务。每一个 TCP 连接都以可靠建立连接开始，以友好拆除连接结束，选项 B 说法错误。

(39)【答案】D【解析】本题考查 TCP 协议的概念。TCP 协议用于控制数据段是否需要重传的依据是设立重发定时器。在发送一个数据段的同时启动一个重发定时器，如果在定时器超时前收到确认，就关闭该定时器，如果定时器超时前没有收到确认，则重传该数据段。这种重传策略的关键是定时器初值的设定。目前采用较多的算法是 Jacobson 于 1988 年提出的不断调整超时时间间隔的动态算法。其工作原理是：对每条连接 TCP 都保持一个变量 RTT，用于存放当前到目的端往返所需时间最接近的估计值。当发送数据段时，同时启动连接的定时器，如果在定时器超时前确认到达，则记录所需要的时间（m），并修正 RTT 的值，如果定时器超时前没有收到确认，则将 RTT 的值增加 1 倍。通过测量一系列的 RTT（往返时间）值，TCP 协议可以估算数据包重发前需要等待的时间。由此可见，TCP 协议在重发数据前需要等待的时间是动态估算的，选项 D 正确。

(40)【答案】D【解析】本题考查客户/服务器计算模式的概念。客户机发起请求完全是随机的，因此服务器必须具备处理多个并发请求的能力，一般有两种实现方案：重复服务器、并发服务器。

(41)【答案】B【解析】 DNS 的对象资源可以用下表来概括。

类型	意义	内容
SOA	授权开始	标识一个资源记录集合（称为授权区段）的开始
A	主机地址	32 位二进制的 IP 地址
MX	邮件交换机	邮件服务器名及优先级

类型	意义	内容
NS	域名服务器	域的授权名字服务器名
CNAME	别名	别名的规范名字
PTR	指针	对应于 IP 地址的主机名
HINFO	主机描述	ASCII 字符串，CPU 和 OS 描述
TXT	文本	ASCII 字符串

由表中可以看出正确答案为选项 B。

（42）【答案】A【解析】本题考查 FTP 协议的概念。FTP 协议支持两种文件传输方式：文本文件传输和二进制文件传输。当采用二进制文件传输时，文件系统不对文件格式进行任何变换，按照原始文件相同的位序以连续比特流方式进行传输，确保复制文件与原始文件逐位意义对应，因此可使用 binary 命令，选项 A 正确。

（43）【答案】B【解析】本题考查 WWW 的概念。万维网（亦作网络、WWW、3W，英文 Web 或 World Wide Web）是一个资料空间。在这个空间中：一样有用的事物，称为一样资源；并且由一个全域统一资源标识符（URL）标识。WWW 服务系统采用客户/服务器计算模式，这些资源通过超文本传输协议(Hypertext Transfer Protocol)传送给使用者，而后者通过点击链接来获得资源。综上所述，WWW 服务采用的协议时超文本传输协议（HTTP），而 HTML 是存储文档的一种结构化文档，中文释义超文本标记语言，选项 B 说法错误。

（44）【答案】A【解析】本题考查 SSL 的概念。SSL 的工作过程可以概括为：浏览器请求与服务器建立会话；Web 服务器将自己的证书和公钥发给浏览器；Web 服务器与浏览器协商密钥位数（40 或 128 位）；浏览器产生会话密钥，并用 Web 服务器的公钥加密传送给 Web 服务器；Web 服务器用自己的私钥解密；Web 服务器和浏览器用会话密钥加密和解密，实现加密传输。选项 A 为本题正确答案。

（45）【答案】C【解析】本题考查网络管理的相关知识。网络管理的对象一般可分为两大类：硬件资源和软件资源。网络用户是独立网络管理的主体，不属于网络管理对象。

（46）【答案】D【解析】本题考查网络管理协议 CMIS/CMIP。ISO 制定了 CMIS 和 CMIP，选项 A 说法错误。CMIP 采用管理者-代理模型，当对网络实体进行监控时，管理者只需要向代理发出监控请求，代理就会自动监视指定的对象，并在异常事件发生时向管理者发出指示，这种管理监控方式称为委托监控，并不是轮询机制，选项 B 说法错误。CMIP 结构复杂，比较难以实现，选项 C 说法错误。CMIS 定义了访问和控制网络设备以及设备接收状态信息的方法，用于支持管理者与代理之间的通信要求，选项 D 说法正确。

（47）【答案】B【解析】本题考查攻击的相关知识。从网络高层的角度划分，攻击方法可以分为两大类：服务攻击和非服务攻击。服务攻击主要是针对某种特定网络服务的攻击，如电子邮件、FTP、HTTP 等；非服务攻击不针对某项具体应用服务，而是基于网络层等低层协议进行的。题目选项中只有邮件炸弹属于服务攻击，其他选项均为非服务攻击。

（48）【答案】C【解析】本题考查 AES 加密算法的概念。AES 的基本要求是，采用对称分组密码体制，密钥长度的最少支持为 128、192、256，分组长度 128 位，算法应易于各种硬件和软件实现。所以其最长应该是 256 位，选项 C 正确。

(49)【答案】D【解析】本题考查公钥加密的知识。密码系统按密钥的使用个数可分为：对称密码体制和非对称密码体制。不对称型加密算法也称公开密钥算法，其特点是有两个密钥（公用密钥和私有密钥），只有两者搭配使用才能完成加密和解密的全过程。根据题设"发送方使用的加密密钥和接收方使用的解密密钥不相同"可以判断为公钥加密系统。Blowfish、RC5 以及三重 DES 都是对称密钥算法，而 ElGarnal 是公钥密钥体制的算法。

(50)【答案】C【解析】本题是对安全问题的综合考查。根据题目要求，要不被第三方篡改，需要添加验证机制，通过特定算法对信的内容生成唯一消息认证码，附加于明文后。而内容要不被第三方了解，则需要对整个内容加密。甲要发给乙一封信，他希望信的内容不会被第三方了解和篡改，需要对明文生成消息认证码，加密附有消息认证码的明文，将得到的密文传输，选项 C 正确。

(51)【答案】A【解析】本题考查身份认证协议的概念。身份认证协议一般有一次一密机制、X.509 认证协议、S/Key，选项 A 正确；选项 B 的 IPSec 是 IP 安全协议，是网络层中提供安全的一组协议；选项 C 的 S/MIME 是基于 RSA 数据安全技术的 Internet 电子邮件格式标准的安全扩充；选项 D 的 SSL 是用与 WWW 服务的隧道加密技术。

(52)【答案】B【解析】本题考查 PGP 协议的概念。PGP 是一种电子邮件安全方案，开始时 PGP 生成消息摘要的单向散列函数采用 MD5，非对称密码使用 RSA；最新的 PGP 提供 TDEA 和 CAST 作为对称密码，数字签名采用 DSS，选项 A 说法错误，散列函数采用 SHA。PGP 服务主要提供的服务有数字签名（DSS/SHA 或 RSA/SHA）；报文加密（CAST、IDEA、3DES、RSA）；压缩（ZIP）；电子邮件兼容性；支持报文分段。综上所述，选项 B 说法正确。

(53)【答案】B【解析】本题考查病毒的相关知识。蠕虫病毒是一种通过分布式网络来扩散传播特定信息或错误，破坏网络中的信息或造成网络中断的病毒。特诺伊木马是一种能将窃取用户数据并发送到指定的服务器的程序。陷门一般指系统的缺陷。可见，题目说所说的 Word 程序中已被植入特洛伊木马。

(54)【答案】D【解析】本题考查密集模式组播路由协议的概念。密集模式组播路由协议时指组播成员密集在整个网络上。该模式的协议有距离矢量组播路由协议（DVMRP）、开放最短路径优先的组播扩展（MOSPF）、协议独立组播-密集模式（PIM-DM）。稀疏模式组播路由协议适用于组播成员稀疏地分布在整个网络，包括 CBT 和 PIN-SM，选项 D 为正确答案。

(55)【答案】D【解析】本题考查 P2P 网络拓扑的相关知识。混合式结构的 P2P 网络结合了集中式和分布式拓扑结构的 P2P 网络的优点，可以在分布式模式的基础上，将用户结点按能力进行分类，使某些结点担任特殊任务。目前使用混合式结构的 P2P 网络系统有 Skype、Kazaa、eDonkey、BitTorent 和 PPLive。

(56)【答案】C【解析】本题考查通信系统工作原理。即时通信系统在采用中转工作模式时，客户端消息必须包含有唯一标识，好比每个人的身份证，这样中转中心才能准确转发到客户端，选项 C 说法正确。

(57)【答案】B【解析】本题考查 IPTV 的概念。IPTV 的基本技术形态可以概括为：视频数字化、传输 IP 化合播放流媒体化。

(58)【答案】D【解析】本题考查 SIP 协议的概念。SIP 是应用层的信令控制协议。用于创建、修改和释放一个或多个参与者的会话。这些会话可以好似 Internet 多媒体会议、IP 电话或多媒体分发。会话的参与者可以通过组播、网状单播或两者的混合体进行通信。按照逻辑功能区分，SIP 系统可以分为 4 种元素：用户代理、代理服务器、重定向服务器和注册服务器，选项 D 正确。

(59)【答案】C【解析】本题考查数字版权管理的概念。数字版权管理（DRM）指的是出版者用来控制被保护对象使用权的一些技术。版权保护指的应用在电子设备上的数字化媒体内容上的技术，版权保护技术使用以后可以控制和限制这些数字化媒体内容的使用权。数字版权管理目前常采用的技术是数据加密、版权保护、数字水印和签名技术，选项 C 正确。

(60)【答案】D【解析】本题考查 SIMPLE 协议的概念。SIMPLE 协议族是由 IETF 的 SAMPLE 工作组制定的，它通过对 SIP 协议进行扩展，使其支持 IM 服务。

二、填空题

(1)　【答案】【1】RISC【解析】本题考查常用计算机词汇的缩写。RISC（reduced instruction set computer，精简指令集计算机）是一种执行较少类型计算机指令的微处理器，起源于 80 年代的 MIPS 主机（即 RISC 机），RISC 机中采用的微处理器统称 RISC 处理器。

(2)　【答案】【2】创作 或 制作【解析】本题考查常用软件的知识。Authorware 是一款多媒体创作软件，用于创建互动的程序。

(3)　【答案】【3】时序【解析】本题考查网络协议的概念。网络协议的三要素有语法（规定用户数据与控制信息的结构和格式）、语义（规定需要发出何种控制信息以及完成的动作与做出的响应）、时序（即对事件实现顺序的详细说明）。

(4)　【答案】【4】接口【解析】本题考查 OSI 参考模型的概念。ISO 将整个通信功能划分为 7 个层次，划分原则为：网络中各节点都有相同的功能；不同结点的同等层具有相同的功能；同一结点内相邻层之间通过接口通信；每一层使用下层提供的服务，并向上层提供服务；不同结点的同等层按照协议实现对等层之间的通信。

(5)　【答案】【5】60【解析】本题考查数据传输速率的计算。在粗略计算时，可以使用 1MB=1000KB=1000000B 的换算。

(6)　【答案】【6】CSMA/CA【解析】本题考查常用计算机词汇的缩写。无线局域网的介质访问控制方法的英文全称是（Carrier Sense Multiple Access with Collision Avoidance），CSMA/CA 利用 ACK 信号来避免冲突的发生，也就是说，只有当客户端收到网络上返回的 ACK 信号后才确认送出的数据已经正确到达目的。

(7)　【答案】【7】光纤【解析】本题考查传输介质的相关知识。万兆以太网不再使用双绞线，而使用光纤作为传输介质。使用长距离的光收发器与单模光纤，以便能在广域网和城域网范围内工作。

(8)　【答案】【8】UDP【解析】本题考查 UDP 协议的概念。TCP/IP 传输层的协议提供主机之间进程与进程的有效数据传输。传输层上有两个重要的协议：UDP 和 TCP，UDP 是 IP 层上建立的无连接的传输层协议，主要用于不要求分组顺序到达的传输。

TCP 是面向连接的传输层协议。

（9）　【答案】【9】数据中心【解析】本题考查 Windows Server 2003 的相关知识。Windows Server 2003 的版本有 Windows Server 2003 Web 版、Windows Server 2003 标准版、Windows Server 2003 企业版和 Windows Server 2003 数据中心版。

（10）【答案】【10】GUI【解析】本题考查常用计算机词汇的缩写。图形用户界面（Graphical User Interface，GUI）是指采用图形方式显示的计算机操作用户界面。与早期计算机使用的命令行界面相比，图形界面对于用户来说在视觉上更易于接受。

（11）【答案】【11】255.255.255.224【解析】本题考查子网掩码的计算。子网屏蔽码又称为子网掩码，表示形式与 IP 地址相似。如果子网的网络地址占 n 位（当然它的主机地址就是 32-n 位），则该子网的子网掩码的前 n 位为 1，后 32-n 位为 0。即子网掩码由一连串的 1 和一连串的 0 组成。1 对应于网络地址和子网地址字段，而 0 对应于主机地址字段。C 类网 IP 最后一段表示主机号，要划分三个子网,可表示为 11100000，即十进制的 224。

（12）【答案】【12】长度【解析】本题考查 IP 数据报的概念。IP 数据报选项由选项吗、长度和选项数据 3 部分组成。其中选项吗用于确定该选项的具体内容，选项数据部分的长度由选项的长度字段决定。

（13）【答案】【13】状态【解析】本题考查 OSPF 的概念。OSPF 是一种经常使用的路由选择协议，OSPF 使用链路-状态路由选择算法，可以在大规模的互联网环境中使用。

（14）【答案】【14】NVT 或 网络虚拟终端【解析】本题考查 Telnet 协议的概念。Telnet 协议引入网络虚拟终端（NVT）的概念，提供一种标准的键盘定义，用来屏蔽不同计算机系统对键盘输入的差异性。

（15）【答案】【15】事务处理【解析】本题考查 POP3 的工作过程。POP3 邮件服务大致分为三个阶段：认证阶段、事务处理阶段、更新关闭阶段。

（16）【答案】【16】监测【解析】本题考查计费管理的概念。计费管理记录网络资源的使用，目的是控制和监测网络操作得费用和代价，它可以估算出用户使用网络资源可能需要的费用和代价。

（17）【答案】【17】传输【解析】本题考查信息安全的知识。确保网络系统的信息安全是网络安全的目标，对网络系统而言，主要包括两个方面：信息的存储安全和信息的传输安全。

（18）【答案】【18】被动【解析】本题考查安全攻击的知识。在 X.800 中将安全攻击分为两类：被动攻击和主动攻击。被动攻击试图了解或利用系统的信息，但不影响系统资源。主动攻击试图改变系统资源或影响系统运作。

（19）【答案】【19】电路级【解析】本题考查防火墙的分类知识。常用的防火墙大致可分为三类：包过滤路由器、应用级网关和电路级网关。

（20）【答案】【20】稀疏【解析】本题考查组播路由协议的概念。组播路由协议分为域内组播路由协议以及域间组播路由协议两类，域内组播路由协议又可分为两种类型：密集模式和稀疏模式。

笔试应试技巧

笔试答题注意事项

等级考试的笔试选择题,使用标准答题卡进行机器评阅。考生要特别注意:

① 考前准备好身份证、准考证等重要凭证,以及 2B 铅笔、钢笔、铅笔刀、橡皮等答题工具。

② 拿到答题卡后,首先确认无破损,卡面整洁,否则立即请求监考老师予以更换。

③ 建议先在试卷上写好答案,检查后,确认无误,再在答题卡上涂写。要避免漏涂、错涂、多涂,要多核对答案。

④ 避免浅涂。如果颜色太浅,机器阅卷会视为未涂,即使答案正确也不给分。涂黑颜色要适当深而清晰。但也要防止用力过猛而捅破答卷,否则也会影响到评卷的准确性。答题时如果无意弄坏了答题卡,一定要请监考老师重新更换新的。

⑤ 保持卷面整洁。答案不能折叠和撕裂,以免影响阅卷。

⑥ 交卷前,一定要再仔细检查准考证号、姓名和答题卡上的所有答案。答案写在试卷上不给分,只有在答题卡上才给分。选择题用 2B 铅笔填涂,填空题用蓝色钢笔或圆珠笔答题。

选择题答题技巧

笔试部分的考题分为两种类型。第 1 种是选择题,要求考生从 4 个给出的 A、B、C、D 选项中选出一个正确的选项作为答案。注意,这类题目中每题只有一个选项是正确的,多选或者不选都不给分,选错也不给分,但选错不倒扣分。第 2 种是填空题。

第 1 种类型的试题都是客观选择题。在题目中给出 4 个选项,必须而且只能从 4 个给出的选项种选择一个答案。答题技巧如下。

① 如果四个选项,一看就能肯定其中的一个

是正确的,那么可以直接得出正确选择。注意,必须有百分之百的把握才行。

② 对四个给出的选项,一看便知其中的某个选项错误的情况下,可以使用排除法,即逐步排除错误选项,最后一个没有被排除的就是正确答案。

③ 在排除法中,如果最后还剩两个或三个选项,或对某个题一无所知时,也别放弃选择,在剩下的选项中随机选一个。如果剩下的选项值有两个,还有 50%答对的可能性。如果是在三个选项中进行选择,仍有 33%答对的可能性。就是在四个给出的答案中随机选一个,还会有 25%达队的可能性。因为不选就不会得分,而选错了也不扣分。所以应该不漏选,每题都选一个答案,这样可以提高考试成绩。

填空题答题技巧

填空题必须仔细考虑。因为有许多问题的答案可能不止一个,只要填对其中的一种就认为是正确的。另外注意,有的题目的一些细节问题错了也不给分。所以,即使有把握答对或有可能答对的情况下,一定要认真填写,字迹要工整、清楚,不能有错。

在答题时,对于会的题目要保证一次答对,不要想再次印证,因为时间有限。对于不会的内容,可以根据经验先初步确定一个答案,但应该做个标志,表明这个答案不一定对,在时间允许的情况下,可以回过头来重读这些作了标志的题。

不要在个别题花太多的时间,因为每个题的得分在笔试部分仅占一分和二分,有时甚至可以放几个题,因为这样做对整个考试成绩影响并不大。如果在个别题目花费了太多时间,最后其他题都没有时间去做,即使得分了,可能考试成绩并不高,或者成绩不及格,很不合算。